高 校 入 試

中学3年分をたった7日で総復習

理科

\\改訂版//

>>> Review in 7 Days

Gakken

もくじ Contents

使い方
How to Use

「1日分」は4ページ。効率よく復習しよう!

Step-1 >>> | 基本を確かめる |

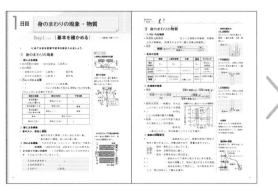

分野別に、基本事項を書き込んで確認します。入試で必ずおさえておくべき要点を厳選しているので、効率よく学習できます。

Step-2 >>> | 実力をつける |

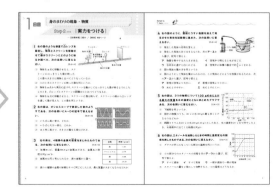

Step-1で学習した内容について、実戦的な問題を解いていきます。
まちがえた問題は解説をよく読んで、もう一度解いてみましょう。

　入試対策に役立つ!

模擬試験

3年分の内容から出題した、入試問題に近い形式の試験です。学習した内容が身についているか、確かめられます。
実際に入試を受けているつもりで、挑戦しましょう。

巻末資料

入試によく出るグラフや公式・法則をまとめています。入試前に見直しましょう。

重要用語　暗記ミニブック

巻頭に、暗記ミニブックが付いています。切り取って使いましょう。重要用語を「一問一答式」で覚えられるので、入試前の最終チェックにも役立ちます。

Step-1 >>> |基本を確かめる|

→【解答】46ページ

★ ＿＿＿ にあてはまる言葉や記号を書き入れましょう。

Ⅰ 身のまわりの現象

⑴ 光による現象

▶ **光の反射の法則** … 光の反射は，入射角 ＝ ① ＿＿＿＿＿＿＿＿＿＿。

▶ **光の屈折**

　■ 空気中から水中 … 入射角 ② ＿＿＿＿＿＿ 屈折角

　■ 水中から空気中 … 入射角 ③ ＿＿＿＿＿＿ 屈折角

▶ **凸レンズによる像**

　■ ④ ＿＿＿＿＿＿ … スクリーンに映る像。

　■ ⑤ ＿＿＿＿＿＿ … 凸レンズを通して見える,実物よりも大きな像。

〔凸レンズによる像のでき方〕

物体の位置	像の大きさ	できる像
焦点距離の 2 倍より離れる	実物より小さい	⑥
焦点距離の 2 倍	実物と同じ	実像
焦点距離の 2 倍と焦点の間	実物より ⑦	実像
焦点	像はできない	
焦点より近い	実物より大きい	⑧

⑵ 音による現象

▶ **音の大小，高低と振動**

　■ ① ＿＿＿＿＿＿ … 音の大きさに関係。大きいほど大きい音。

　■ ② ＿＿＿＿＿＿ … 音の高さに関係。多いほど高い音。

⑶ 力による現象 … 力の大きさは，**ニュートン**（記号 N）で表す。

▶ ① ＿＿＿＿＿＿ **の法則** … ばねののびは，ばねを引く力に比例する。

▶ **2 力のつり合いの条件** … 1 つの物体にはたらく 2 力が次のとき，2 力はつり合っているという。

　　■ 2 力の大きさが ② ＿＿＿＿＿＿。

　　■ 2 力の向きが ③ ＿＿＿＿＿＿。

　　■ 2 力が ④ ＿＿＿＿＿＿ にある。

⚠ **ミス注意**

入射角と反射角の位置

●**鏡での反射**

反射した光は，鏡の裏側の，鏡をはさんで光源と対称の位置から出たように進む。

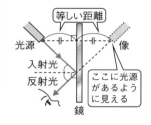

●**オシロスコープで見た音の波**

大きい音ほど振幅が大きく，高い音ほど振動数が多い。

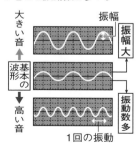

2 身のまわりの物質

(1) いろいろな物質

▶ **有機物と無機物** … ①____ をふくむ物質が有機物，有機物

以外が無機物。（炭素そのものや二酸化炭素は無機物。）

▶ **密度**

$$密度〔g/cm^3〕＝\frac{物質の ②\qquad 〔g〕}{物質の ③ \qquad 〔cm^3〕}$$

▶ **気体の性質**

	酸素	二酸化炭素	水素	窒素	アンモニア
色と におい	なし	なし	④	なし	色はなし 刺激臭
水への とけ方	とけにくい	⑤	とけにくい	とけに くい	非常に とけやすい
おもな 特徴	ほかの物質を ⑥	石灰水を白く にごらせる	⑦ が最も小さい	空気の 約80%	水溶液の性質は ⑧

(2) 水溶液の性質

▶ **濃度**

$$質量パーセント濃度〔\%〕＝\frac{① \qquad の質量〔g〕}{溶液の質量〔g〕}×100$$

溶質の質量〔g〕＋溶媒の質量〔g〕

▶ **飽和水溶液** … 物質が，それ以

上とけることができない水溶液。

▶ ②____ …水100g

にとける物質の最大の質量。

▶ **結晶** … いくつかの平面で囲ま

れた規則正しい形の固体。

▶ ③____ … 固体を

一度水にとかし，再び結晶としてとり出す操作。

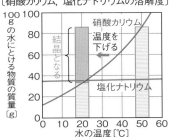
〔硝酸カリウム, 塩化ナトリウムの溶解度〕

(3) 物質の状態変化

▶ ①____ … 温度変化により，物質が固体⇄液体⇄

気体と変化すること。体積は変わるが，質量は変わらない。

モデルの粒子
- 固体…規則正しく並んでいる。
- 液体…比較的自由に動く。
- 気体…空間を自由に飛び回る。

▶ ②____ … 固体がとけて液体に変化するときの温度。

▶ ③____ … 液体が沸騰して，気体に変化するときの温度。

▶ ④____ … 液体を加熱して気体にし，その気体を冷や

して，再び液体にして集める操作。

● 気体の集め方

〔水上置換法〕

水にとけにくい気体を集める…酸素，二酸化炭素，水素，窒素など。

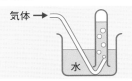

〔下方置換法〕

水にとけやすく，空気より密度の大きい気体を集める…二酸化炭素など。

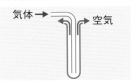

〔上方置換法〕

水にとけやすく，空気より密度の小さい気体を集める…アンモニアなど。

● 水溶液

液体にとけている物質を溶質，物質をとかしている液体を溶媒，液全体を溶液という。溶媒が水の溶液が水溶液。

● 混合物の蒸留

混合物のうち，沸点の低い方の物質が先に出てくる。

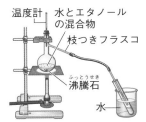

5

Step-2 >>> ｜実力をつける｜

⇒【目標時間】30分／【解答】46ページ　　　点

１ 右の図のような装置で凸レンズを
固定し，物体とスクリーンを移動さ
せて像がスクリーンにどのように映
るか調べた。次の各問いに答えな
さい。　　　　　　　　　　　【5点×4】

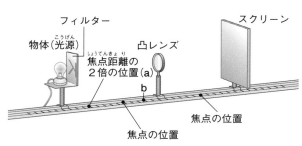

フィルター　　　　　　　　スクリーン
物体（光源）　　　凸レンズ
焦点距離の
2倍の位置（a）
b
焦点の位置
焦点の位置

(1)　物体を a 点に移動させると，スク
　　リーンにはっきりした像が映った。
　　この像の大きさは実物と比べてどうなっているか。　　　　　　　（　　　　　）

(2)　(1)のときにスクリーンに映った像を何というか。　　　　（　　　　　）

(3)　物体を a 点から焦点に近づけ，スクリーンを動かしてはっきりした像が映るようにした。
　　このとき，凸レンズとスクリーンの距離は(1)と比べてどうなるか。　（　　　　　）

(4)　物体を b 点に移動させると，スクリーンに像は映らず，スクリーンの側から凸レンズ
　　を通して像が見えた。この像を何というか。　　　　　　　　　　（　　　　　）

２ 右の図は，オシロスコープで表示した音のよう
すである。次の各問いにA～Dの記号で答えなさ
い。　　　　　　　　　　　　　　　　　【5点×3】

(1)　いちばん高い音は，どれか。　　（　　　　　）

(2)　いちばん大きい音は，どれか。　（　　　　　）

(3)　Aと同じ高さで，大きさが異なる音はどれか。

　　　　　　　　　　　　　　　　　　（　　　　　）

３ 右の表は，4種類の金属の密度をまとめたものであ
る。次の各問いに答えなさい。　　　　　　　【5点×3】

(1)　体積30 cm³，質量268.8 gの金属Aがある。金属Aの密
　　度は何g/cm³か。　　　　　　　　（　　　　　）

(2)　金属Aは何と考えられるか。表の金属から選べ。

　　　　　　　　　　　　　　　　　　（　　　　　）

金属	密度〔g/cm³〕
鉄	7.87
アルミニウム	2.70
銅	8.96
銀	10.50

(3)　表の4種類の金属の体積をすべて同じにしたとき，最も質量が大きくなるのはどれか。

　　　　　　　　　　　　　　　　　　　　　　　　　　　　　　　（　　　　　）

4 右の図のように，亜鉛にうすい塩酸を加えて発生させた気体を試験管に集めた。次の各問いに答えなさい。 【5点×4】

(1) 発生した気体の名称を答えよ。 （　　　　　　）

(2) 発生した気体にあてはまるものを，次の**ア〜エ**から選び，記号で答えよ。 （　　　　　　）

　ア 物質を燃やすはたらきがある。　　**イ** 空気中で燃えると水が生じる。

　ウ 石灰水に通すと白くにごる。　　**エ** 空気中に体積の割合で約$\frac{4}{5}$ふくまれる。

(3) 図の気体の集め方を何というか。 （　　　　　　　　　）

(4) 図のようにして気体を集められるのは，この気体にどのような性質があるためか。次の**ア〜エ**から選び，記号で答えよ。 （　　　　　　）

　ア 密度が空気より大きい。　　**イ** 密度が空気より小さい。

　ウ 水にとけやすい。　　**エ** 水にとけにくい。

5 右の図は，3つの物質について__100 gの水にとける最大の質量を水の温度とともにまとめたグラフ__である。次の各問いに答えなさい。 【5点×3】

(1) 下線部を何というか。 （　　　　　　）

(2) 図中の物質のうち，30 ℃の水100 gに最も多くとけるものはどれか。 （　　　　　　）

(3) 硝酸カリウムを40 ℃の水100 gに40 gとかしたあと，水の温度を20 ℃まで冷やしたとき，水溶液中に出てくる結晶は何gか。

　　　　　　　　　　　　　　　　　（　　　　　　　　　）

6 右の図は，エタノールを加熱したときの時間と温度変化の関係を表したものである。次の各問いに答えなさい。 【5点×3】

(1) グラフが平らになっている部分の温度を何というか。

　　　　　　　　　　　　　　　（　　　　　　　　　）

(2) (1)の部分でのエタノールの状態を次の**ア〜ウ**から選び，記号で答えよ。 （　　　　　　）

　ア すべて液体　　**イ** すべて気体　　**ウ** 一部が液体で一部が気体

(3) エタノールの量を2倍にして加熱すると，(1)の温度はどうなるか。

　　　　　　　　　　　　　　　　　　　　　　　（　　　　　　　　　）

Step-1 >>> |基本を確かめる|

⇒【解答】47ページ

★ _____ にあてはまる言葉や記号を書き入れましょう。

① 電流

(1) 電流の性質

▶ **直列回路の電流，電圧，抵抗**

■ 電流 … $I = I_1$ ① _____ I_2

■ 電圧 … $V = V_1$ ② _____ V_2

■ 抵抗 … 全体の抵抗 $R = R_1 + R_2$

▶ **並列回路の電流，電圧，抵抗**

■ 電流 … $I = I_1$ ③ _____ I_2

■ 電圧 … $V = V_1$ ④ _____ V_2

■ 抵抗 … $\dfrac{1}{全体の抵抗R} = \dfrac{1}{R_1} + \dfrac{1}{R_2}$ $R < R_1,\ R < R_2$

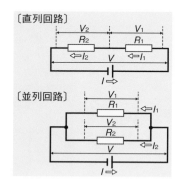

〔直列回路〕

〔並列回路〕

▶ **オームの法則**

> **電圧V〔V〕=** ⑤ _____ **R〔Ω〕×** ⑥ _____ **I〔A〕**

▶ **電力** … 電力〔W〕＝電圧〔V〕× ⑦ _____ 〔A〕

▶ **電流による発熱量** … 発熱量〔J〕＝電力〔W〕×時間〔s〕

▶ **電力量** … 電力量〔J〕＝電力〔W〕×時間〔s〕

(2) 電流と磁界

▶ **磁界の向き** … 磁針の ① _____ の指す向き。

▶ **導線を流れる電流のまわりの磁界** … 右ねじの進む向きが電流の向きのとき，右ねじの回る向きが ② _____ の向き。

▶ **電流が磁界中で受ける力** … 電流や磁界の強さを強くすると，受ける力は ③ _____ なる。

▶ **電磁誘導** … コイルの中の磁界が変化すると，コイルに電圧が生じる現象。このとき流れる電流を ④ _____ という。

(3) 静電気と電子

▶ ① _____ … 異なる物質をこすったことにより物体にたまった電気。

■ ＋（正）の電気と－（負）の電気がある。

■ 同種の電気どうしはしりぞけ合い，異種の電気どうしは引き合う。

▶ ② _____ **（電子線）** … 真空放電管内に生じる電子の流れ。

⚠ミス注意

電流計は回路に直列に，電圧計は回路に並列につなぐ。

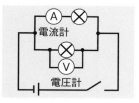

電流計

電圧計

● **オームの法則の変形式**

◇電流を求めるとき

$$I = \dfrac{V}{R}$$

◇抵抗を求めるとき

$$R = \dfrac{V}{I}$$

● **導線を流れる電流のまわりの磁界**

右ねじの進む向き → 電流の向き

右ねじの回る向き → 磁界の向き

● **コイルの内側の磁界**

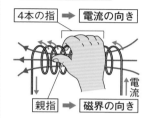

4本の指 ➡ 電流の向き

親指 ➡ 磁界の向き

右手の4本の指を電流の向きに合わせてコイルをにぎる⇒親指の向きがコイルの内側の磁界の向きになる。

② 運動とエネルギー

(1) いろいろな運動

▶ **速さ**

$$速さ〔m/s〕= \frac{物体の ① \qquad 〔m〕}{② \qquad 〔s〕}$$

▶ **平均の速さ** … ある区間を ③ _____ で移動した と考えたときの速さ。

▶ **瞬間の速さ** … ごく短い時間に移動した距離から求めた速さ。

▶ ④ _____ … 物体が一定の速さで一直線上を進む運動。

▶ **斜面を下る運動** … 斜面の傾きが ⑤ _____ ほど，速さのふえ方の変化が大きい。

▶ ⑥ _____ … 静止していた物体が水平面に対して垂直に落下すること。

▶ **慣性の法則** … 静止している物体は ⑦ _____ を続け，運動している物体は ⑧ _____ を続ける。

(2) 力

▶ **力の合成・分解** … 合力を求めることを力の ① _____ ，分力を求めることを力の ② _____ という。

▶ ③ _____ **の法則** … 1つの物体がほかの物体に力を加えたとき，同時に同じ大きさで反対（逆）向きの力を受ける。

▶ **圧力**

$$圧力〔Pa〕 \atop (N/m^2) = \frac{面を垂直に ④ \qquad 〔N〕}{力がはたらく ⑤ \qquad 〔m^2〕}$$

▶ ⑥ _____ … 水中ではたらく圧力。水の深さが深いほど大きくなる。

▶ ⑦ _____ … 水中の物体にはたらく上向きの力。

(3) エネルギーと仕事

▶ **エネルギー**

① _____ **エネルギー** … 運動している物体がもつエネルギー。

② _____ **エネルギー** … 高いところにある物体がもつエネルギー。

③ _____ **エネルギー** … 運動エネルギーと位置エネルギーの和。

▶ **仕事**

$$仕事〔J〕 = ④ \qquad の大きさ〔N〕× 力の向きに移動した⑤ \qquad 〔m〕$$

▶ **仕事率**

$$仕事率〔W〕 = \frac{⑥ \qquad 〔J〕}{⑦ \qquad 〔s〕}$$

▶ ⑧ _____ … エネルギーが移り変わっても，その前とあとでエネルギーの総量は変わらない。

≫≫くわしく

斜面を下る運動…重力の斜面に平行な分力がはたらき続けるため，速さがだんだん速くなる。

● **力の合成**

◇ **2力が一直線上にある場合**

| 同じ向き …2力の和 |
| 力A　力B　合力 |

| 反対の向き …2力の差 |
| 力A　合力　力B |

◇ **2力が一直線上にない場合**

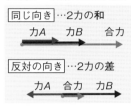

力A，Bを2辺とする平行四辺形の対角線が合力

● **力の分解**

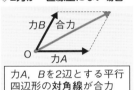

分解する力を対角線，分解する方向を2辺とする平行四辺形をかく

● **重力と浮力**

物体が水面に浮いて静止しているときや，水中で静止しているときは，重力と浮力がつり合っている。

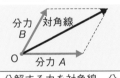

浮いている場合，つり合っている。

● **仕事の原理**

道具を使っても使わなくても，仕事の大きさは変わらない。

⇒【目標時間】30分 ／【解答】47ページ　　点

1 図1のような回路で抵抗器a，bの電圧と電流を測定し，その結果を図2のグラフにまとめた。次の各問いに答えなさい。　　【5点×6】

図1　　　図2

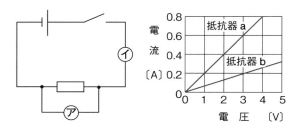

(1) 図1の回路で，電圧計を表しているのは**ア**，**イ**のどちらか。　（　　　　）

(2) 抵抗器a，bで，電流が流れにくいのはどちらか。記号で答えよ。　　（　　　　）

(3) 抵抗器の両端に加わる電圧と流れる電流との間には，どのような関係があるか。
（　　　　　　　　　　）

(4) 抵抗器a，bの抵抗の大きさはそれぞれいくらか。単位をつけて答えよ。
抵抗器a（　　　　　　）　抵抗器b（　　　　　　）

(5) 抵抗器a，bを並列につないで電源装置の電圧を6Vにしたとき，回路には何Aの電流が流れるか。　（　　　　）

2 右の図のように，棒磁石のN極をコイルに近づけていくと，検流計の針が－側に振れ，コイルに電流が流れたことがわかった。次の各問いに答えなさい。　　【5点×5】

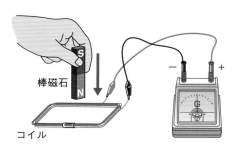

(1) このときコイルに流れた電流を何というか。
（　　　　　　　）

(2) 電圧が生じて，(1)の電流が流れる現象を何というか。　（　　　　　　）

(3) (2)の現象は，コイルの中の何が変化したために起こるか。　（　　　　　　）

(4) 棒磁石のN極をコイルから遠ざけたとき，検流計の針はどうなるか。次の**ア**〜**ウ**から選び，記号で答えよ。　（　　　　　　）
　ア ＋側に振れる。　　**イ** －側に振れる。
　ウ 0を指したままである。

(5) 棒磁石のN極をコイルの中で静止させたとき，検流計の針はどうなるか。(4)の**ア**〜**ウ**から選び，記号で答えよ。　（　　　　　　）

3 右の図は，荷物台車にのったAさんがBさんを押したときの力のはたらき方を表したものである。次の各問いに答えなさい。【5点×3】

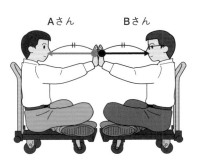

Aさん　Bさん

(1) 次の力をそれぞれ何というか。

① Aさんが Bさんに加えた力 （　　　　　　　　）

② Aさんが Bさんから受けた力

（　　　　　　　　）

(2) AさんがBさんを押したとき，どうなるか。次の**ア〜ウ**から選べ。ただし，荷物台車と地面の間で摩擦ははたらかないものとする。（　　　　　　　　）

ア Aさんだけが動く。　**イ** Bさんだけが動く。　**ウ** 2人とも動く。

4 右の図のように，おもりをつるした糸をくぎでとめ，Aまで持ち上げたおもりから手をはなしたところ，おもりはCまで運動した。次の各問いに答えなさい。【5点×3】

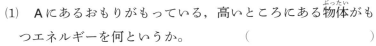
くぎ
A　B　C

(1) Aにあるおもりがもっている，高いところにある物体がもつエネルギーを何というか。（　　　　　　　　）

(2) おもりがAからBまで運動したとき，おもりがもつ運動エネルギーはどうなったか。（　　　　　　　　）

(3) おもりがBからCまで運動したとき，おもりがもつ力学的エネルギーはどうなったか。次の**ア〜ウ**から選べ。（　　　　　　　　）

ア 大きくなった。　**イ** 小さくなった。　**ウ** 変化しなかった。

5 右の図のように，質量3kgの物体を真上に引き上げようとした。次の各問いに答えなさい。ただし，100gの物体にはたらく重力の大きさを1Nとする。【5点×3】

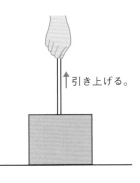
↑引き上げる。

(1) 10 Nの上向きの力を加え続けても，物体は動かなかった。このとき，手は物体に対して何Jの仕事をしたか。

（　　　　　　　　）

(2) 物体を引き上げるには，最低何Nの力が必要か。

（　　　　　　　　）

(3) 物体を1.8 mゆっくり引き上げた。このとき，手は物体に対して何Jの仕事をしたか。

（　　　　　　　　）

Step-1 >>> |基本を確かめる|

→【解答】48ページ

★ ＿＿＿ にあてはまる言葉や化学式（かがくしき）などを書き入れましょう。

1 原子・分子と化学変化

(1) 物質の成り立ち

▶**原子**と**分子** … それ以上分けることのできない粒子（りゅうし）を

① ＿＿＿＿＿＿＿ ，いくつかの原子が結びついた粒子を

② ＿＿＿＿＿＿＿ という。

▶**元素** … 原子の種類。元素は**元素記号**で表される。

▶**単体**と**化合物**

■③ ＿＿＿＿＿＿＿ … １種類の元素だけでできている物質。

■④ ＿＿＿＿＿＿＿ … ２種類以上の元素でできている物質。

(2) いろいろな化学変化

▶**物質が結びつく変化**

■水素の燃焼 … $2H_2 + O_2 →$ ① ＿＿＿＿＿＿

■マグネシウムの燃焼 … $2Mg + O_2 →$ ② ＿＿＿＿＿＿

■銅と酸素の反応 … $2Cu + O_2 →$ ③ ＿＿＿＿＿＿

■鉄と硫黄（いおう）の反応 … $Fe + S →$ ④ ＿＿＿＿＿

▶**分解** … １種類の物質が２種類以上の物質に分かれる化学変化。

■水の電気分解 … $2H_2O → 2H_2 +$ ⑤ ＿＿＿＿

■酸化銀の熱分解 … $2Ag_2O →$ ⑥ ＿＿＿＿ $+ O_2$

■炭酸水素ナトリウムの熱分解 …

$2NaHCO_3 → Na_2CO_3 +$ ⑦ ＿＿＿＿＿ $+ H_2O$

▶**還元**（かんげん） … 酸素がうばわれる化学変化。還元と酸化は同時に起こる。

■炭素による酸化銅の還元 … $2CuO + C →$ ⑧ ＿＿＿＿ $+ CO_2$

■水素による酸化銅の還元 … $CuO + H_2 → Cu +$ ⑨ ＿＿＿

(3) 化学変化と質量（しつりょう）

▶① ＿＿＿＿＿＿ **の法則** … 化学変化の前後で，物質全体の

質量は変化しない。

▶**化学変化と質量の比** … 化学変化に関する物質の質量の比は，

常に② ＿＿＿＿＿ である。

例 酸化銅…銅：酸素＝４：１　　酸化マグネシウム…マグネシウム：酸素＝３：２

●**物質の分類**

物質は次のように分類される。

物質 ┬ 純粋な物質（純物質） ┬ 単体
　　　│　　　　　　　　　　└ 化合物
　　　└ 混合物（こんごうぶつ）

●**おもな化学式**

	単体	化合物
分子を つくる	酸素…O_2 水素…H_2	水…H_2O 二酸化炭素 …CO_2
分子を つくら ない	銅…Cu マグネシウ ム…Mg	塩化ナトリウム …$NaCl$ 酸化銅…CuO

●**酸化と燃焼**（さんか ねんしょう）

◇酸化…物質が酸素と結びつくこと。

◇燃焼…光や熱を出す激しい酸化。

●**分解**

◇水の電気分解

水を電気分解すると，水素と酸素が陰極と陽極（ようきょく）にそれぞれ２：１の体積比で発生する。

◇炭酸水素ナトリウムの熱分解

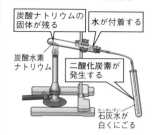

炭酸ナトリウムの固体が残る　　水が付着する

炭酸水素ナトリウム

二酸化炭素が発生する

石灰水（せっかいすい）が白くにごる

●**金属の酸化と質量**

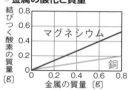

結びつく酸素の質量〔g〕／マグネシウム／銅／金属の質量〔g〕

② イオンと化学変化

(1) イオンと電解質

▶ ①　　　　　　… 水にとかしたとき，電流が流れる物質。

▶ ②　　　　　　… 水にとかしたとき，電流が流れない物質。

▶ **原子の構造**… **原子核（陽子**と**中性子**からなる）と**電子**からなる。

▶ **イオン** … 原子が電気を帯びたもの。

〔おもなイオンとその化学式〕

陽イオン	陰イオン
ナトリウムイオン … ③	塩化物イオン … ⑤
銅イオン … ④	水酸化物イオン … ⑥

〔電離を表す式〕

電解質	電離を表す式
塩化水素	$HCl \longrightarrow H^+ +$ ⑦
塩化銅	$CuCl_2 \longrightarrow$ ⑧　　　$+ \ 2\,Cl^-$
水酸化ナトリウム	$NaOH \longrightarrow Na^+ +$ ⑨

(2) 電池（化学電池）

▶ **電池** … 化学変化を利用して，①　　　　　エネルギーから電気

エネルギーをとり出す装置。

▶ **一次電池と二次電池** … 充電のできない電池を ②　　　　　，

充電してくり返し使える電池を ③　　　　　という。

▶ ④　　　　　　… 水の電気分解と逆の化学変化を利用する電池。

(3) 酸とアルカリ

▶ **酸** … 水溶液にしたとき，①　　　　　　を生じる化合物。

▶ **アルカリ** … 水溶液にしたとき，②　　　　　　を

生じる化合物。

▶ **pH** … 酸性，アルカリ性の強さを数値で表したもの。
BTB溶液は酸性で黄色，中性で緑色，アルカリ性で青色を示す。
　■中性が 7，7 より小さいと**酸性**，7 より大きいと**アルカリ性**。

▶ ③　　　　　… 酸の水素イオンとアルカリの水酸化物イオ

ンが結びついて，水ができる反応。

▶ ④　　　　　… 酸の陰イオンとアルカリの陽イオンが結びつい

た物質。

　■塩酸と水酸化ナト
　リウム水溶液の中和
　$HCl + NaOH \rightarrow$
　　　$NaCl + H_2O$

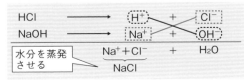

● 原子の構造

例　ヘリウム原子

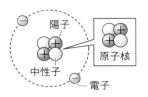

⚠️ミス注意

原子は全体として電気を帯び
ていない…＋の電気をもつ陽
子の数と，－の電気をもつ電
子の数が等しいため，原子は
電気を帯びていない状態にあ
る。

● イオンへのなりやすさ

$$Na>Mg>Al>Zn>Fe>(H_2)>Cu$$
ナトリウム　マグネシウム　アルミニウム　亜鉛　鉄　水素　銅

● 電池

例　硫酸亜鉛水溶液に亜鉛板，
硫酸銅水溶液に銅板を入れた
ダニエル電池

◇亜鉛板が－極，銅板が＋極
になる。

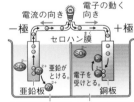

◇－極では，亜鉛原子が電子
を 2 個失って亜鉛イオンにな
り，水溶液中にとけ出す。

◇＋極では，銅イオンが電子
を 2 個受けとり銅になる。

⚠️ミス注意

電流が流れる向きと，電子の
動く向きは逆になる。

Step-2 >>> |実力をつける|

→ 【目標時間】30分 ／ 【解答】48ページ

点

1 右の図は，物質の分類を表したものである。次の各問いに答えなさい。　【5点×3】

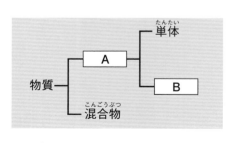

(1) 図中のA，Bにあてはまる語句を答えよ。

A（　　　　　　　） B（　　　　　　　）

(2) 下の　　内の物質から，図のBにあてはまるものをすべて選び，化学式で答えよ。

（　　　　　　　　）

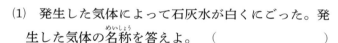

マグネシウム　　水　　窒素　　塩化ナトリウム

2 右の図のように，酸化銅と炭素粉末の混合物を試験管に入れて加熱し，発生した気体を石灰水に通した。次の各問いに答えなさい。　【5点×4】

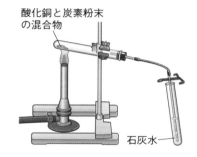

酸化銅と炭素粉末の混合物

石灰水

(1) 発生した気体によって石灰水が白くにごった。発生した気体の名称を答えよ。　（　　　　　　　　）

(2) 加熱後，試験管に残った物質は何か。物質名で答えよ。　（　　　　　　　　）

(3) 酸化銅は酸素をうばわれて(2)の物質になった。下の式は，この化学変化を化学反応式で表したものである。ア，イにあてはまる化学式を答えよ。

ア（　　　　　　　） イ（　　　　　　　）

$$2CuO + (　ア　) → (　イ　) + CO_2$$

3 右のグラフは，マグネシウムと結びつく酸素の質量の関係を表したものである。次の各問いに答えなさい。【5点×3】

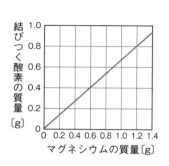

結びつく酸素の質量〔g〕

マグネシウムの質量〔g〕

(1) 0.6 gのマグネシウムは何gの酸素と結びつくか。

（　　　　　　　　）

(2) マグネシウムと酸素が結びつく質量の割合を最も簡単な整数比で表せ。　　マグネシウム：酸素 =（　　　　　　　　）

(3) 12 gのマグネシウムが酸素と完全に結びつくと，酸化マグネシウムは何gできるか。

（　　　　　　　　）

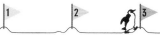

4 右の図のような装置で，いろいろな水溶液に電流が流れるかどうかを調べた。次の各問いに答えなさい。　【5点×3】

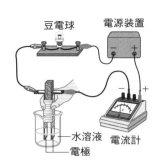

(1)　水溶液にすると電流が流れる物質を次の**ア**〜**エ**からすべて選び，記号で答えよ。　　　　（　　　　　）

　ア　エタノール　　**イ**　塩化ナトリウム
　ウ　水酸化ナトリウム　　**エ**　砂糖

(2)　(1)のように，水溶液にすると電流が流れる物質を何というか。　　　　　　　　　　　　　　　（　　　　　）

(3)　調べる水溶液をかえるときに行う操作として正しいものはどちらか。次の**ア**，**イ**から選び，記号で答えよ。　　　　　　　　　　　　　　（　　　　　）

　ア　電源装置のスイッチを入れたままにする。　　**イ**　電極を蒸留水でよく洗う。

5 右の図は，ダニエル電池のモデルである。金属板A，Bは亜鉛板，銅板のいずれかであり，豆電球が点灯し，金属板Aはとけ，金属板Bには固体が付着した。次の各問いに答えなさい。　【5点×4】

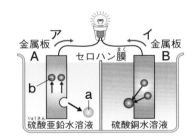

(1)　水溶液にとけ出しているaは，陽イオン，陰イオンのどちらか。　　　　（　　　　　）

(2)　bは何を表しているか。　　　　　　（　　　　　）

(3)　電流が流れる向きは，**ア**，**イ**のどちらか。　　　（　　　　　）

(4)　＋極になるのは，金属板A，Bのどちらか。　　　（　　　　　）

6 右の図のように，BTB溶液を加えたうすい塩酸に水酸化ナトリウム水溶液を少しずつ加えた。次の各問いに答えなさい。　【5点×3】

こまごめピペットで
少しずつ加えていく。

(1)　水溶液中では，2つのイオンが結びついて水ができる反応が起こっている。この反応を何というか。
　　　　　　　　　　　　　　　　　　　（　　　　　）

(2)　(1)の2つのイオンを化学式で答えよ。（両方できて正解）
　　　　　　　　　　　　　　　　　　　（　　　　　）

(3)　水溶液が緑色になったとき，水溶液を1滴とってスライドガラスにのせて乾燥させると，白い固体が残った。この固体の物質名を答えよ。　　　（　　　　　）

Step-1 >>> |基本を確かめる| → 【解答】49ページ

★ _____ にあてはまる言葉や数を書き入れましょう。

1 生物の分類

(1) 植物の分類

▶ **種子植物** … ① _____ をつくってなかまをふやす植物。

▶ **種子をつくらない植物** … **シダ植物**や**コケ植物**は ② _____ で
ふえる。シダ植物は根・茎・葉の区別が ③ _____ が，コケ
植物は ④ _____ 。
※種子植物と同じく光合成を行う。

▶ **植物のなかま分け**

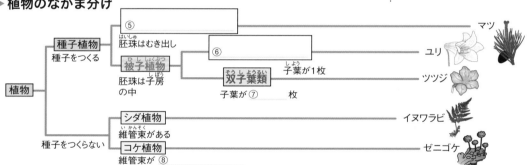

(2) 動物の分類

▶ **脊椎動物** … ① _____ のある動物。**魚類**，**両生類**，**は虫類**，
鳥類，**哺乳類** に分けられる。

〔脊椎動物の分類〕

	魚類	両生類	は虫類	鳥類	哺乳類
生活場所	水中	子…水中 親…水辺	おもに陸上		
呼吸	②	子…えら，皮膚 親…肺，皮膚	③		
うまれ方	卵生(卵に殻はない)		卵生(卵に殻がある)		④
体表	うろこ	しめった皮膚	うろこやこうら	⑤	毛
例	コイ，マグロ，サケ	カエル，イモリ	カメ，ヘビ，ヤモリ	ハト，ペンギン	ネコ，イルカ，コウモリ

▶ ⑥ _____ **動物** … 背骨のない動物。

　■**節足動物** … からだが ⑦ _____ でおおわれている。
　　からだやあしに多くの節がある。**昆虫類**，**甲殻類**など。

　■**軟体動物** … 内臓が ⑧ _____ でおおわれている。

●動物のうまれ方

◇**卵生**…親が卵をうんで，卵から子がかえる。

◇**胎生**…子は母体内である程度育ってからうまれる。

●無脊椎動物の分類

無脊椎動物
├ 節足動物
│　├ 昆虫類
│　├ 甲殻類
│　└ その他
├ 軟体動物
└ その他

② 生物のからだのつくり

(1) 生物と細胞

▶細胞のつくり

■ ①　　　　　… １つの細胞に１つある。

■ ②　　　　　…　核と細胞壁以外の部分。

■ ③　　　　　…　細胞質のいちばん外側のうすい膜。

▶ ④　　　　　…　からだが１つの細胞でできている生物。

▶多細胞生物 … からだが多くの細胞からできている生物。

▶多細胞生物のからだの成り立ち

■ ⑤　　　　　… 形やはたらきが同じ細胞の集まり。

■器官 … いくつかの種類の組織が集まって，決まったはたらきをするもの。

■ ⑥　　　　　… いくつかの器官が集まってできたもの。

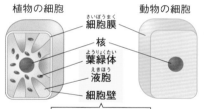

植物の細胞　　動物の細胞
細胞膜
核
葉緑体
液胞
細胞壁
植物に見られるもの

(2) 種子植物のからだのつくり

▶被子植物の花のつくり … おしべ

のやくでつくられた花粉がめしべ
の①　　　　　について受粉が
起こる。やがて胚珠が種子となり，
子房が②　　　　　となる。

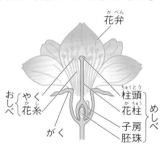

花弁
柱頭
花柱
子房
胚珠
めしべ
おしべ
やく
花糸
がく

▶茎のつくり

③	根から吸収した水や肥料分を運ぶ管。
④	葉でできた栄養分を運ぶ管。
⑤	道管と師管が集まって束になったもの。

▶葉のつくり … 葉に通っている維管束を ⑥　　　　　という。

(3) 蒸散と光合成

▶ ①　　　　　… 植物のからだから，水が水蒸気となって出ていくこと。

▶光合成 … 植物が，光を受けて ②　　　　　などと酸素をつくること。細胞の中の緑色をした ③　　　　　で行われる。

〔光合成〕
根から吸収
葉緑体
光
水＋二酸化炭素
デンプンなど＋酸素
空気中から気孔を通してとり入れられる
気孔から空気中へ
二酸化炭素
気孔
酸素

◈ 植物の細胞に見られるつくり

◇葉緑体…光合成を行う。

◇液胞…細胞の活動などによってできた物質や水などをふくむ液が入っている。

◇細胞壁…細胞膜の外側にあるじょうぶなつくり。植物のからだを支える。

◈ 核の染色

核は，酢酸オルセイン溶液や酢酸カーミン溶液などの染色液で染まる。

◈ 茎の断面

◇単子葉類…維管束が散らばっている。

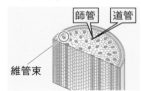

師管　道管
維管束

◇双子葉類…維管束が輪の形に並んでいる。

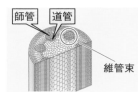

師管　道管
維管束

◈ 根のつくり

単子葉類の根はひげ根，双子葉類の根は主根と側根になっている。根の先端付近には根毛がある。

⚠ ミス注意

呼吸と光合成

光合成は光が当たったときだけ行われるが，呼吸は１日中行われる。

1 図1は2種類の被子植物の茎の横断面を，図2は根のつくりをスケッチしたものである。次の各問いに答えなさい。 【5点×5】

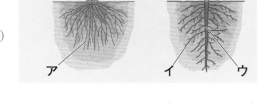

図1

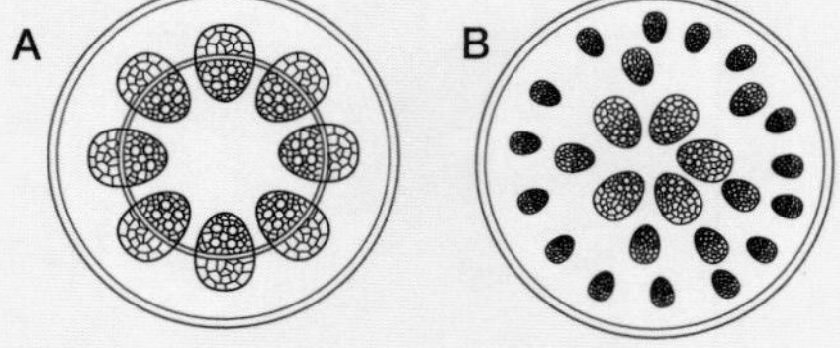

図2

(1) 植物には，種子でなかまをふやすものと胞子でふやすものがある。被子植物と同じように種子でなかまをふやす植物を次の**ア**～**オ**からすべて選び，記号で答えよ。

（　　　　　　）

ア イネ　　　**イ** スギ　　　**ウ** スギナ
エ サツキ　　**オ** ゼニゴケ

(2) 被子植物の胚珠は何に包まれているか。 （　　　　　　）

(3) 図1，図2のA～Dで，単子葉類のつくりを表しているものを選び，それぞれ記号で答えよ。　　　　　　　　図1（　　　　　） 図2（　　　　　）

(4) 図2で，主根とよばれる部分は**ア**～**ウ**のどれか。記号で答えよ。 （　　　　）

2 右の表は動物を分類したものである。次の各問いに答えなさい。 【5点×5】

(1) 表の5種類の動物には背骨がある。このような動物を何というか。

（　　　　　　）

	魚類	両生類	は虫類	鳥類	哺乳類
うまれ方	卵生				A
呼吸	えら	えら・皮膚／肺・皮膚	B		
例	コイ	カエル	C	ハト	ウマ

(2) 卵生の動物のうち，卵に殻があるのは両生類とは虫類のどちらか。

（　　　　　　）

(3) 表のA，Bにあてはまる語句を答えなさい。また，Cにあてはまる動物を次の**ア**～**オ**から選び，記号で答えよ。

A（　　　　　） B（　　　　　） C（　　　　　）

ア カメ　**イ** イモリ　**ウ** ネコ　**エ** タカ　**オ** メダカ

3 右の図は，植物の細胞の模式図である。次の各問い
に答えなさい。　【5点×5】

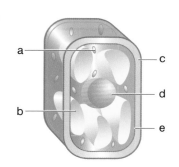

(1) 細胞を顕微鏡で観察するときに使う染色液を次の**ア〜ウ**
から選び，記号で答えよ。　（　　　　）

ア BTB溶液　　　**イ** 酢酸オルセイン溶液
ウ 石灰水

(2) 顕微鏡で細胞を観察するとき，接眼レンズの倍率を15倍，
対物レンズの倍率を40倍にした。このとき何倍の倍率で
細胞を観察できたか。　（　　　　）

(3) a〜eのうち，動物の細胞にも見られるつくりが2つある。その記号と名称を答えよ。
（記号と名称の両方ができて正解）

記号（　　）　名称（　　　　）

記号（　　）　名称（　　　　）

(4) からだが多くの細胞からできている生物を何というか。　（　　　　）

4 1日中暗室に置いたアサガオのふ入りの葉の一部を，
右の図のようにアルミニウムはくでおおい，日光の当た
る場所にしばらく置いた。そのあと，処理をしてから葉
をヨウ素液につけたところ，**a**の部分でデンプンがつくら
れたことがわかった。次の各問いに答えなさい。

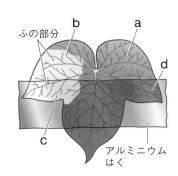

【5点×5】

(1) デンプンはヨウ素液と反応して何色に染まるか。

（　　　　）

(2) この実験で，葉がデンプンをつくるには光が必要なことと，葉緑体が必要なことは，
それぞれどの部分を比べるとわかるか。次の**ア〜カ**からそれぞれ選び，記号で答えよ。

光（　　　）　葉緑体（　　　）

ア aとb　**イ** aとc　**ウ** aとd
エ bとc　**オ** bとd　**カ** cとd

(3) 葉がデンプンをつくるときに，同時につくる気体は何か。　（　　　　）

(4) 葉がデンプンをつくるはたらきを何というか。　（　　　　）

Step-1 >>> ｜基本を確かめる｜

→【解答】51ページ

★ _____ にあてはまる言葉を書き入れましょう。

Ⅰ 人体

(1) 消化と吸収

▶ デンプン，タンパク質，脂肪は次のように分解され，吸収される。

栄養分	分解されてできた物質	柔毛のどこから吸収されるか
デンプン	①	柔毛の ② から
タンパク質	③	柔毛の毛細血管から
脂肪	④ とモノグリセリド	柔毛内で再び ⑤ に合成されてリンパ管に入る

(2) 呼吸と排出

▶ **肺による呼吸** … 肺で，血液中に ① をとり入れ，② を排出する。

▶ **細胞による呼吸（細胞の呼吸，細胞呼吸）** … 酸素を使って栄養分を分解し，活動のための ③ をとり出す。

▶ **排出** … 体内でタンパク質が分解されてできる有害なアンモニアは，肝臓で無害な ④ につくりかえられ，じん臓で ⑤ になり，ぼうこうから排出される。

(3) 血液の循環

▶ ① … 酸素を多くふくむ血液。

▶ ② … 二酸化炭素を多くふくむ血液。

▶ **血液の循環** … 心臓から肺を通って心臓にもどる ③ 心臓から肺以外の全身を通って心臓にもどる ④ がある。

(4) 刺激と反応

▶ **神経**

中枢神経	脳と ①	
末梢神経	②	… 感覚器官で受けとった刺激を中枢神経に伝える。
	③	… 運動器官に中枢神経からの命令を伝える。

▶ ④ … 意識に関係なく起こる反応。反応までの時間が短い。

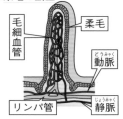
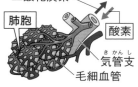
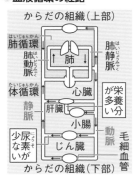

② 生物のふえ方と遺伝

(1) からだが成長するしくみ

▶ **細胞分裂** … 1個の細胞が分かれて2個の細胞になること。

染色体の数が　　染色体が中央に並んで，　2個の細胞になる。　細胞が
2倍になる。　　両端に分かれる。　　　　　　　　　　　　　大きくなる。

■ ① 　　　　　　　　　　… 遺伝子があり，細胞分裂のときに現

れるひも状のもの。

■ ② 　　　　　　　　　　… 生物の形質を決めるもの。

▶ **生物の成長** … 細胞分裂により細胞の数が ③ 　　　　，それ

ぞれの細胞が ④ 　　　　　　　　 なることで成長する。

(2) 生物がふえるしくみ

▶ **生殖** … 生物が子をつくること。

▶ ① 　　　　　　　 … **生殖細胞**（**卵**や**精子**など）が受精するこ

とで子をつくる生殖。子の形質は親と同じになるとは限らない。

■ **受精** … 2個の生殖細胞が合体し，1個の細胞になること。

■ **減数分裂** … 生殖細胞ができるとき，染色体の数が ②

になる，特別な細胞分裂。

▶ ③ 　　　　　　　 … 受精をしないで子をつくる生殖。子の形

質は親と ④ 　　　　　 になる。

(3) 形質が遺伝するしくみ

▶ **対立形質** … エンドウの種子の丸としわのように，対をなす形質。

純系どうしを交配したとき，子に現れる形質を ① 　　　　　　　　，

子に現れない形質を ② 　　　　　　　　　　 という。

▶ ③ 　　　　　　　　 **の法則** … 減数分裂のときに，対をなす遺伝

子が分かれて，それぞれ別の生殖細胞に入ること。

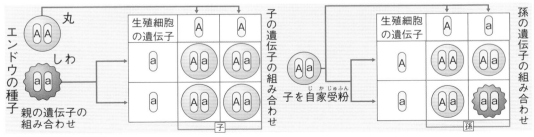

エンドウの種子　丸　しわ　親の遺伝子の組み合わせ　生殖細胞の遺伝子　子の遺伝子の組み合わせ　子　子を自家受粉　生殖細胞の遺伝子　孫の遺伝子の組み合わせ　孫

(4) 脊椎動物の進化

▶ **進化** … 長い時間の間に生物が変化すること。外形やはたらき

は異なるが，もとは同じ器官から変化してできたと考えられる

器官を，① 　　　　　　　　　 という。

からだをつくる細胞が分裂する
ことを，特に**体細胞分裂**という。
植物では，おもに根や茎の先
端近く（成長点）でさかんに
行われる。

● **植物の有性生殖**

被子植物では，花粉の中でつ
くられた**精細胞**が花粉管の中
を移動して，胚珠の中の**卵細
胞**と受精する（精細胞の核と
卵細胞の核が合体する）。

● **胚と発生**

◇**胚**…受精卵が細胞分裂をく
り返して成長する過程での
未成熟な個体。

◇**発生**…受精卵が胚になり，
からだのつくりが完成してい
く過程。

● **無性生殖**

◇**分裂**…アメーバやミカヅキモ
などの単細胞生物はからだ
が分裂してふえる。

◇**栄養生殖**…植物がからだの
一部から新しい個体をつくる
こと。サツマイモの根，イチ
ゴの茎など。

● **DNA**

遺伝子の本体。デオキシリボ
核酸の略。

● **遺伝の規則性**

上の図の例では，子の遺伝子
の組み合わせはすべてAa，孫
の遺伝子の組み合わせは
AA：Aa：aa＝1：2：1となる。

Step-2 >>> |実力をつける|

→【目標時間】30分／【解答】51ページ　　点

1 右の図は，ヒトのある器官内のひだの表面に無数に見られる部分を表している。次の各問いに答えなさい。【5点×4】

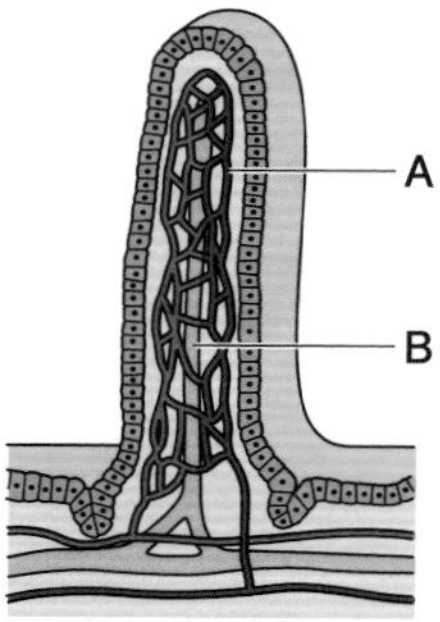

(1) この部分は，消化された栄養分を吸収するはたらきをする。この部分を何というか。

（　　　　　　　）

(2) (1)は，ヒトの何という器官内にあるか，名称を答えよ。

（　　　　　　　）

(3) 毛細血管を表しているのは，図のA，Bのどちらか。記号で答えよ。

（　　　　　　　）

(4) (3)から吸収される栄養分を次のア～エからすべて選び，記号で答えよ。

（　　　　　　　）

ア ブドウ糖　**イ** 脂肪酸　**ウ** タンパク質　**エ** アミノ酸

2 右の図は，ヒトの血液循環を模式的に表したものである。次の各問いに答えなさい。【5点×6】

(1) 二酸化炭素を多くふくむ血液を何というか。

（　　　　　　　）

(2) 次のような血液循環の経路を何というか。

（　　　　　　　）

・心臓から肺以外の全身を通って，再び心臓にもどる経路

(3) 次の①～③の血液が流れている血管を，右の図のア～オからそれぞれ選び，記号で答えよ。

① 酸素を最も多くふくむ血液　　（　　　　　　　）

② 二酸化炭素以外の不要な物質が最も少ない血液　　（　　　　　　　）

③ 食後に栄養分を最も多くふくむ血液　（　　　　　　　）

(4) 消化された栄養分は，ある器官に一時たくわえられる。ある器官の名称を上の図の器官名から選べ。

（　　　　　　　）

3 右の図は，タマネギの根の先端付近を顕微鏡で観察したときの細胞分裂のようすを表したスケッチである。次の各問いに答えなさい。　【5点×3】

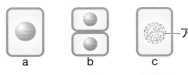

a　b　c

(1)　a〜fを細胞分裂の順に並べかえよ。ただし，aを最初とする。

（　　→　　→　　→　　→　　→　　）

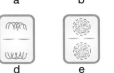

d　e　f

(2)　図中**ア**のひものようなものを何というか。

（　　　　　　　　）

(3)　図の細胞分裂では，分裂の前後で**ア**の数は変わらない。このような細胞分裂を何というか。

（　　　　　　　　）

4 生物のふえ方について，次の各問いに答えなさい。　【5点×3】

(1)　ジャガイモのいもや，ヤマノイモのむかごのように，植物のからだの一部から新しい個体をつくる無性生殖を何というか。　（　　　　　　　　）

(2)　生殖細胞が受精することで子をつくることを何というか。　（　　　　　　　　）

(3)　親と全く同じ形質が子に現れるのは，(1)と(2)のどちらのふえ方か。

（　　　　　　　　）

5 右の図は，生殖細胞と染色体の関係を模式的に表したものである。次の各問いに答えなさい。　【5点×4】

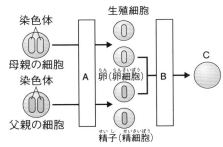

(1)　図の**A**では，染色体がもとの細胞の染色体の数の半分になっている。**A**にあてはまる語句を答えよ。　（　　　　　　　　）

(2)　(1)のとき，対になっている遺伝子が分かれて，別々の生殖細胞に入ることを何というか。

（　　　　　　　　）

(3)　図の**B**では，親の生殖細胞が合体して1個の細胞になっている。**B**にあてはまる語句を答えよ。

（　　　　　　　　）

(4)　(3)の結果，**C**の細胞の染色体の数はどのようになっているか。次の**ア**〜**ウ**の記号で答えよ。

（　　　　　　　　）

ア　生殖細胞の染色体の数と同じ。　**イ**　親の体細胞の染色体の数の半分。

ウ　親の体細胞の染色体の数と同じ。

大地の変化，天気の変化

Step-1 >>> 基本を確かめる

⇒【解答】52ページ

★ _____ にあてはまる言葉や数を書き入れましょう。

Ⅰ 大地の変化

(1) 火山と火成岩

▶火山の形とマグマのねばりけ

火山の形	斜面がゆるやか	円すいの形	ドーム状の形
噴火のようす	① ←――――――――→ 激しい		
マグマのねばりけ と溶岩の色	ねばりけ：弱い 色：黒っぽい	←――――――→	ねばりけ：強い 色：②

▶火成岩

- ③ _____ … マグマが地表付近で急速に冷え固まった岩石。
- ④ _____ … マグマが地下深くでゆっくり冷え固まった岩石。

(2) 地震

▶地震のゆれ

- ① _____ … はじめに起こる小さなゆれ。P波による。
- ② _____ … あとからくる大きなゆれ。S波による。
- ③ _____ … 初期微動が続く時間。震源からの距離が大きいほど，長くなる。

▶地震のゆれの大きさは ④ _____ で表し，**マグニチュード**は地震の ⑤ _____ を表す。

▶地震の起こる場所 … プレートとプレートの境目で起こる。

(3) 地層と堆積岩

▶地層のでき方 … ① _____ ,砂,泥が海底で積み重なってできる。

▶堆積岩 … 堆積物が押し固められてできる。れき岩・砂岩・泥岩・凝灰岩・石灰岩・チャートなどがある。

▶化石

② _____ 化石	地層の堆積当時の環境がわかる。
③ _____ 化石	地層が堆積した時代がわかる。

▶断層としゅう曲 … 大きな力が加わったため，地層がずれたものを ④ _____ ，地層が曲がった状態を ⑤ _____ という。

〈くらべる〉

●火成岩のつくり

◇火山岩…石基の中に斑晶という大きな鉱物が散らばっている。

斑状組織

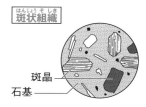

斑晶
石基

◇深成岩…ほぼ同じ大きさの鉱物が組み合わさっている。

等粒状組織

⚠ミス注意

震央，震源，震源距離などの用語をおさえよう。

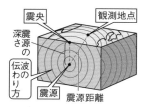

震央
観測地点
震源の深さ
地震波の伝わり方
震源
震源距離

●土砂の積み重なり方

粒の小さなものほど，より陸地から遠くに堆積する。

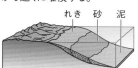

れき　砂　泥

② 天気の変化

(1) おもな気象要素

▶ **気温** … 約1.5 mの高さで，風通しのよい日かげではかる。

▶ **風向・風力** … 風向は風がふいてくる方位を ① ＿＿＿＿＿ 方位

で表す。風力は風力階級表で判断する。

▶ **大気圧（気圧）** … ② ＿＿＿＿＿ にはたらく重力によって生じる圧力。

(2) 空気中の水蒸気と雲

▶ **飽和水蒸気量** … 空気 1 m³中にふくむことのできる水蒸気量。

▶ ① ＿＿＿＿＿ … 空気中の水蒸気が凝結し始めるときの温度。

▶ **湿度**

$$\text{湿度} (\%) = \frac{\text{空気 1 m}^3\text{中の水蒸気量}〔g/m^3〕}{\text{そのときの温度での② \_\_\_\_\_ }〔g/m^3〕} \times 100$$

▶ **雲の
でき方**

| 空気が
上昇 | → | 空気が膨張し
温度が下がる | → | 温度が③
以下になる | → | 水蒸気
が凝結 |

(3) 前線と天気

▶ **気圧配置** … まわりより気圧が高いところを ① ＿＿＿＿＿ ，

低いところを ② ＿＿＿＿＿ という。

▶ **気団** … 気温や湿度がほぼ一様な空気のかたまり。

▶ **前線と天気**

■ ③ ＿＿＿＿＿ … 寒気が暖気を押し上げながら進む。
強い上昇気流で**積乱雲**ができる。
→強い雨や雷雨が降る。通過後，気温が ④ ＿＿＿＿＿ 。

■ ⑤ ＿＿＿＿＿ … 暖気が寒気の上にはい上がりなが
ら進む。ゆるやかな上昇気流で**乱層雲**ができる。
→おだやかな雨が降る。通過後，気温が ⑥ ＿＿＿＿＿ 。

(4) 日本の天気

▶ **偏西風**によって，天気は西から東へ移り変わりやすい。

冬	・シベリア気団が発達し，① ＿＿＿＿＿ の気圧配置。 ・日本海側は雨か雪，太平洋側は晴れの日が多い。
夏	・② ＿＿＿＿＿ 気団の影響を受け，南高北低の気圧配置。 ・高温多湿で，晴れの日が多い。
台風	・熱帯低気圧で最大風速が17.2 m/s以上のもの。 ・大量の雨と強風をともなう。
春・秋	・低気圧や③ ＿＿＿＿＿ 高気圧が交互に日本を通過し，天気 は周期的に変わる。
つゆ (梅雨)， 秋雨	・夏の前に，停滞前線（梅雨前線）ができ，くもりや雨の日が続く。 ・夏の終わりに，停滞前線（秋雨前線）ができ，くもりや雨の日が続く。

◎ 天気の決め方

空全体を10として雲がおおっ
ている割合（雲量）で決まる。

◇雲量 0 ～ 1 …快晴
◇雲量 2 ～ 8 …晴れ
◇雲量 9 ～10…くもり

◎ 天気図記号

風力は矢ばねの数で表す。

快晴	晴れ	くもり
○	◔	◎
雨	雪	雷
●	⊛	⊟

◎ 飽和水蒸気量と露点

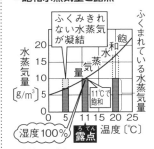

◎ 温帯低気圧

日本付近にできる寒冷前線や
温暖前線をともなう低気圧。

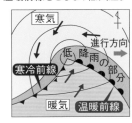

◎ 前線の記号

温暖前線	停滞前線
寒冷前線	閉塞前線

25

大地の変化，天気の変化

Step-2 >>> |実力をつける|

⇒【目標時間】30分／【解答】53ページ

点

1 右の図は，2種類の火成岩をルーペで観察し，スケッチしたものである。次の各問いに答えなさい。 【5点×4】

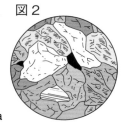

図1　図2

(1) 図1に見られるつくりa，bを，それぞれ何というか。

　　　　a（　　　　）　b（　　　　）

(2) 図1のようなつくりを何というか。　　　　　　　　（　　　　）

(3) 図2のようなつくりの火成岩を何というか。　　　　（　　　　）

2 右の図は，ある地震を2つの観測地点X，Yで記録したものである。次の各問いに答えなさい。

【5点×4】

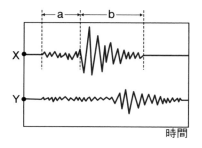

時間

(1) ゆれa，bをそれぞれ何というか。

　　　　a（　　　　）　b（　　　　）

(2) aのゆれが続く時間を何というか。

　　　　　　　　　　　　　　　　　　（　　　　）

(3) 震源により近いのは，X，Yのどちらの地点か，記号で答えよ。　（　　　　）

3 右の図は，あるがけの地層をスケッチしたものである。次の各問いに答えなさい。　【5点×3】

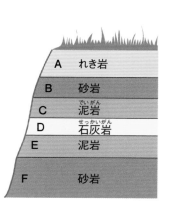

(1) A〜C層のうち，地層をつくる粒の大きさが最も小さい層はどれか，記号で答えよ。　　（　　　　）

(2) D層から，フズリナの化石が見つかった。この地層はいつごろ堆積したと考えられるか。次の**ア〜ウ**から選び，記号で答えよ。　　　　　（　　　　）

　ア 古生代　　　**イ** 中生代
　ウ 新生代

(3) E，F層のうち，より陸地に近い場所で堆積してできたと考えられるのはどちらか，記号で答えよ。

　　　　　　　　　　　　　　　　　　　　　　　　　（　　　　）

4 右の図は，ある地点の天気を表している。次の各問い
に答えなさい。　　　　　　　　　　　　　　　　【5点×3】

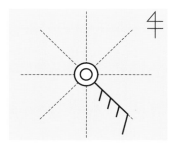

(1) この地点の天気，風向(ふうこう)をそれぞれ答えよ。

天気（　　　　　　）　風向（　　　　　　）

(2) 別の日に観測したところ，次のようであった。この日の
天気は何になるか。　　　　　　　　（　　　　　　）

・空全体を10としたとき，雲が空をおおっていた割合は8であった。

5 右のグラフは，空気1m³中にふくむことのできる水
蒸気の最大量と気温との関係を示したものである。次
の各問いに答えなさい。　　　　　　　　　　　【5点×3】

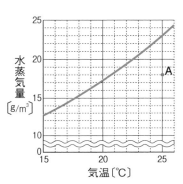

(1) 空気1m³中にふくむことができる水蒸気の最大量を
何というか。　　　　　　　　（　　　　　　）

(2) 空気Aは，空気1m³中にあと何gの水蒸気をふくむこ
とができるか。次の**ア**〜**ウ**から選び，記号で答えよ。

（　　　　　　）

ア 4.2g　**イ** 5g　**ウ** 8g

(3) 空気Aの湿度(しつど)は何％か。小数第1位を四捨五入して整数で求めよ。　（　　　　　　）

6 右の図は，日本付近を移動する温帯低気圧(おんたいていきあつ)であり，A，
Bは中心からのびる前線(ぜんせん)を表している。次の各問いに答
えなさい。　　　　　　　　　　　　　　　　【5点×3】

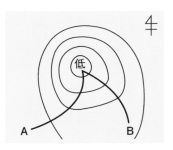

(1) 前線Aを何というか。　　　　　　（　　　　　　）

(2) 前線Aが通過した地点の天気はどのように変化するか。
次の**ア**〜**エ**から選び，記号で答えよ。　（　　　　　　）

ア おだやかな雨が降り，前線通過後は気温が下がる。

イ おだやかな雨が降り，前線通過後は気温が上がる。

ウ 強い雨や雷雨が降り，前線通過後は気温が下がる。

エ 強い雨や雷雨が降り，前線通過後は気温が上がる。

(3) 前線Bの記号を次の**ア**〜**エ**から選び，記号で答えよ。　　　　　（　　　　　　）

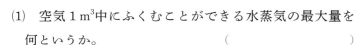

ア　　　　**イ**　　　　**ウ**　　　　**エ**

7日目 地球と宇宙，生態系と人間

Step-1 >>> |基本を確かめる|

→【解答】54ページ

★_____ にあてはまる言葉や数を書き入れましょう。

I 地球と宇宙

(1) 地球の自転・公転による天体の動き

▶ ①_____ … 地球を中心とした，見かけ上の球形の天井。

▶ **太陽の1日の動き** … 東の空からのぼり，南の空を通り，西の空に沈む。太陽が真南にくることを太陽の ②_____ という。

▶ **南中高度** … 太陽が南中したときの高度。

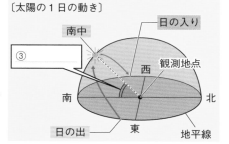

〔太陽の1日の動き〕

▶ **星の1日の動き** … 1時間で ④_____ °，東から ⑤_____ へ動く。北の空では，⑥_____ を中心に反時計回りに回る。

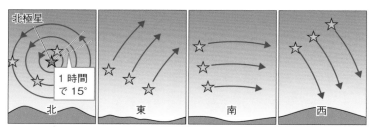

▶ **天体の ⑦_____** … 地球の**自転**による，天体の1日の見かけの動き。

▶ **星座の1年の動き** … 同じ時刻に見える星座の位置は，1日に約1°ずつ，1か月に約 ⑧_____ °，東から西へ動く。

▶ **太陽の1年の動き** … 星座の間を西から東へ動く。

■**黄道**…天球上の太陽の通り道。太陽は1年で黄道を1周する。

▶ **天体の ⑨_____** … 地球の**公転**による，天体の1年の見かけの動き。

▶ **季節の変化** … 地球の地軸は，公転面に垂直な方向から ⑩_____ °傾いて公転しているため，太陽の南中高度や昼の長さが変わり，季節の変化が生じる。

日本付近では夏至の日に昼の長さが最も長く，冬至の日に最も短くなる。

(!) ミス注意

地球は地軸を中心に1日に1回，西から東へ自転する。
↓
天球上の太陽や星は，東から西へ回転するように見える。（地球の自転による見かけの動き）

≫ くわしく

星の1日の動き…24時間で360°動くことから，360÷24=15より，1時間で15°になる。

≫ くわしく

星座が南中する時刻

星は2時間に30°東から西へ動く。また，1か月に約30°東から西へ動く。したがって，同じ星座が南中する時刻は1か月に2時間早くなる。

● **太陽の南中高度の変化**

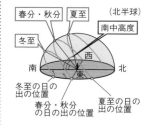

● **南中高度の求め方**

夏至…90°－緯度＋23.4°

冬至…90°－緯度－23.4°

春分・秋分…90°－緯度

---

(2) 月と金星の見え方

▶ **月の満ち欠け** … 月は太陽の光を反射して光り, 地球のまわり

を ① _____ しているため, 月の見え方が変化する。

▶ **日食と月食**

②	太陽-月-地球の順に並んだとき, 太陽が月にかくされる現象。
月食	太陽- ③ _____ の順に並んだとき, 月が地球の影に入る現象。

▶ **金星の見え方**

■ ④ _____ … 日の入り後, 西の空にかがやく金星。

■ **明けの明星** … 日の出前, ⑤ _____ の空にかがやく金星。

(3) 太陽系と宇宙の広がり

▶ **太陽** … 自ら光や熱を出す天体である ① _____ の１つ。

▶ ② _____ … 太陽とその周辺を回っている惑星や小

天体の集まり。

■ **惑星** … 太陽のまわりを公転する水星, ③ _____, 地球,

火星, 木星, 土星, 天王星, 海王星の８つ。

■ ④ _____ … 月のように, 惑星のまわりを公転する天体。

▶ **銀河系** … 太陽系をふくむ, 約2000億個の恒星の集団。

2 生態系と人間

(1) 生態系の成り立ち

▶ ① _____ … ある地域にすむ生物や, 生物以外の環

境をひとつのまとまりとしてとらえたもの。

▶ **食物連鎖** … 生物どうしの食べる・食べられるという一連の関係。

▶ ② _____ … 生態系の中で, 食物連鎖が網の目のよう

につながっていること。

(2) 生態系の中で暮らす

▶ **生産者・消費者・分解者**

①	無機物から有機物をつくる生物。植物。
消費者	植物やほかの動物を食べて栄養分をとり入れる生物。草食動物, 肉食動物。
②	有機物を無機物に分解する生物。**菌類・細菌類**など。

▶ **炭素の循環** … 生産者, 消費者, 分解者は, 二酸化炭素を呼吸

によって放出し, 生産者は ③ _____ によってとり入れる。

≫くわしく

月は約29.5日の周期で満ち欠けをくり返す。

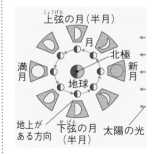

上弦の月(半月)

● 金星の見え方

太陽と重なると, 金星は見えない。

● 地球型惑星・木星型惑星

◇地球型惑星…小型で密度が大きい惑星。水星, 金星, 地球, 火星。

◇木星型惑星…大型で密度が小さい惑星。木星, 土星, 天王星, 海王星。

● 菌類・細菌類

◇菌類…カビやキノコなどのなかま。

◇細菌類…乳酸菌や大腸菌などのなかま。

⚠ミス注意

菌類・細菌類などの微生物のほか, ミミズやトビムシなどの土の中の小動物は消費者であり, 分解者の役割も果たしている。

Step-2 >>> |実力をつける|

⇒【目標時間】30分 ／【解答】54ページ　　点

1 右の図は，日本のある地点で透明半球に太陽の1
日の動きを記録したものである。次の各問いに答え
なさい。　　　【5点×3】

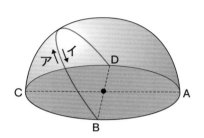

(1) 太陽の動く向きは**ア**，**イ**のどちらか。（　　　）

(2) Dは日の出，日の入りのどちらの位置を表している
か。　　　　　　　　　　　（　　　　　）

(3) 太陽が真南にくることを何というか。（　　　　　）

2 右の図は，日本のある地点で観測した東，西，南，
北の空の数時間の星の動きを表したものである。次
の各問いに答えなさい。　　　【5点×4】

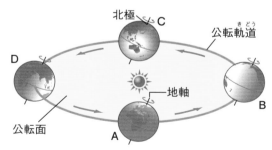

(1) ①，④は，それぞれどの方位の星の動きを表してい
るか。東，西，南，北で答えよ。

①（　　　　　）　④（　　　　　）

(2) ③で，星は**ア**，**イ**のどちら向きに動くか。　　　（　　　　　）

(3) ③の星Aを何というか。　　　　　　　　　　（　　　　　）

3 右の図は，地球が太陽のまわりを公転す
るようすを表し，A～Dは春分・夏至・秋分・
冬至のいずれかの日の地球の位置を示し
ている。次の各問いに答えなさい。【5点×3】

北極
C
公転軌道
D
地軸
公転面
B
A

(1) 地球は公転面に垂直な方向から，地軸
を約何度傾けたまま公転しているか。

（　　　　　）

(2) 北半球で太陽が真南の位置にきたとき，太陽の高度が最も高くなる日の地球の位置は，
A～Dのどれか。記号で答えよ。　　　　　　　　　　　　　　　　（　　　　　）

(3) A～Dのとき，日本のある地点で昼の長さを調べた。(2)のときの昼の長さはほかの日
と比べてどうなるか。次の**ア**～**ウ**から選び，記号で答えよ。　　（　　　　　）

ア 長くなる。　　**イ** 短くなる。　　**ウ** 同じ。

4 図1はある日の夕方に見えた月，図2
は地球のまわりを回る月の位置と太陽の
光の方向を表したものである。次の各
問いに答えなさい。　　　　【5点×3】

図1　　図2

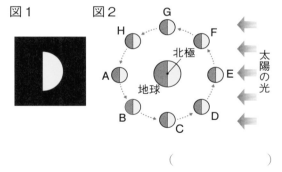

(1) 図1の月が見えたときの月の位置は，
図2のA～Hのどれか。　（　　　　）

(2) 図1のような半月を何というか。　　　　　　　　　　　（　　　　　　　）

(3) 月が1日中見えないときの月の位置は，図2のA～Hのどれか。また，このときの
月を何というか，名称を答えよ。(記号と名称の両方ができて正解)

位置（　　　　）　名称（　　　　　　　　）

5 右の図は，太陽，金星，地球の位置関係を地球の北極
の上方から見た模式図である。次の各問いに答えなさい。

【5点×3】

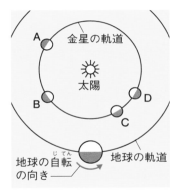

(1) 地球の日の入りの位置から見える金星をA～Dからすべ
て選び，記号で答えよ。　　　　　（　　　　　　）

(2) (1)の金星をふつう，何というか。　（　　　　　　）

(3) AとCの金星で，地球から欠け方が大きく見えるのはど
ちらか。記号で答えよ。　　　　　　　（　　　　　）

6 右の図は，海中の生物の数量関係を模式的に表した
ものである。次の各問いに答えなさい。　　【5点×4】

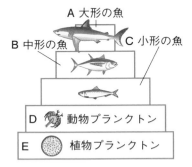

(1) A～Eのうち，無機物から有機物をつくる生物はどれ
か。記号で答えよ。　　　　　　　　（　　　　）

(2) Bの数量が減ると，一時的にCの生物の数量はどうな
るか。次のア～ウから選び，記号で答えよ。（　　　　）

ア　ふえる。　　イ　減る。　　ウ　変わらない。

(3) 消費者とよばれる生物はどれか。A～Eからすべて選び，記号で答えよ。

（　　　　　　　　　）

(4) 生物どうしの食べる・食べられるという一連の関係を何というか。（　　　　　　　）

1 右のような装置で凸レンズの位置を固定し，凸レンズと物体との距離を変化させ，スクリーンを動かして物体の像がスクリーンにはっきり映るようにした。凸レンズと物体との距離が30cmのとき，凸レンズから30cmの距離にあるスクリーン上に物体と同じ大きさの像がはっきり映った。次の各問いに答えなさい。

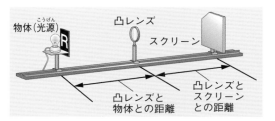

（3点×3）

(1) この実験で使用した凸レンズの焦点距離は何cmか。

[ ]

(2) 下線のときにスクリーンに映った像を次のア〜エから選び，記号で答えよ。

ア イ ウ エ

[ ]

(3) 凸レンズと物体との距離が8cmのとき，スクリーン上に像はできなかったが，凸レンズを通して像が見えた。どのような像か，向きと大きさについて答えよ。

[ ]

2 右の図は，ホウセンカの茎の断面を表したものである。次の各問いに答えなさい。 （3点×3）

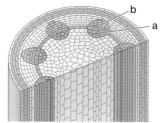

(1) 葉でつくられた栄養分の通り道を表しているのはa，bのどちらか。また，この部分の名称を答えよ。

記号 [ ] 名称 [ ]

(2) 図のような茎の断面をもつ植物は単子葉類か，双子葉類か。

[ ]

3 酸素とアンモニアをそれぞれ発生させた。また，右の図は気体の集め方を表している。次の各問いに答えなさい。 （3点×4）

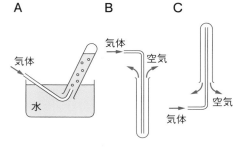

(1) ①酸素，②アンモニアを発生させる方法を次のア～エからそれぞれ選び，記号で答えよ。

①[　　　　　　] ②[　　　　　　]

ア 石灰石（せっかいせき）にうすい塩酸を加える。　　イ 二酸化マンガンにオキシドールを加える。

ウ 鉄にうすい塩酸を加える。　　エ アンモニア水を熱する。

(2) アンモニアを集めるのに最も適する方法は図のA～Cのどれか。また，この集め方を何というか。（両方できて正解）

[　　　　，　　　　]

(3) (2)の集め方が適しているのはアンモニアにどのような性質があるためか。次のア～ウから選び，記号で答えよ。

[　　　　　　]

ア 水にとけやすく，空気より密度（みつど）が小さい。　　イ 水にとけにくい。

ウ 水にとけやすく，空気より密度が大きい。

4 ある地震（じしん）について，A～Cの地点でゆれを計測した。次の表は，各地点の震源（しんげん）からの距離とゆれの起きた時刻をまとめたものである。あとの各問いに答えなさい。 （3点×4）

	A	B	C
震源からの距離	54 km	72 km	120 km
初期微動が起きた時刻	9 時 20 分 39 秒	9 時 20 分 42 秒	9 時 20 分 50 秒
主要動が起きた時刻	9 時 20 分 48 秒	9 時 20 分 54 秒	9 時 21 分 10 秒

(1) 震源の真上の地表の地点を何というか。

[　　　　　　]

(2) 地震を伝える波のうち，初期微動を伝えるものを何というか。

[　　　　　　]

(3) この地震の主要動を伝える波の速さは何km/sか。

[　　　　　　]

(4) この地震が発生した時刻を次のア～エから選び，記号で答えよ。

ア 9 時20分15秒　　イ 9 時20分20秒

ウ 9 時20分25秒　　エ 9 時20分30秒

[　　　　　　]

5 図1は抵抗器P，Qの電流と電圧の関係をグラフに表したものである。図2は，抵抗器P，Qをつないだ回路である。次の各問いに答えなさい。 (4点×4)

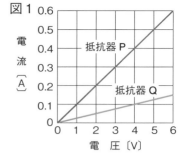

図1

(1) 抵抗器P，Qで抵抗が大きいのはどちらか。

[ ]

(2) 抵抗器Pの抵抗は何Ωか。 [ ]

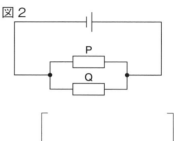

図2

(3) 図2で，電源の電圧が10Vのとき，抵抗器Pを流れる電流は何Aか。 [ ]

(4) (3)のとき，図2の回路全体の抵抗は何Ωか。

[ ]

6 右の図のようにコイルをU字形磁石の間につるし，電源装置から電圧を加えたところ，回路に電流が流れ，コイルが動いた。次の各問いに答えなさい。 (3点×2)

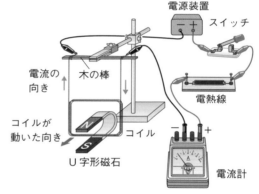

(1) 図でU字形磁石による磁界の向きはどのようになっているか。次のア，イから選び，記号で答えよ。

ア イ

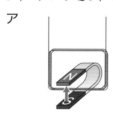 

[ ]

(2) 次のア〜エのように条件を変えたとき，コイルが図と逆の向きに動くものはどれか。すべて選んで記号で答えよ。

[ ]

ア 電熱線の抵抗をより小さいものにかえる。

イ U字形磁石をS極が上になるように置く。

ウ コイルに流れる電流の向きが逆になるように回路をつなぎかえる。

エ 電源装置から加える電圧を大きくする。

7 右の図は，植物の細胞と動物の細胞の模式図である。次の各問いに答えなさい。　（4点×4）

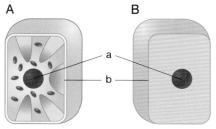

(1) 動物の細胞を表しているのは，A，Bのどちらか。　[　　　　　]

(2) 植物の細胞と動物の細胞の両方にあるa，bの部分にあてはまることを，それぞれ次のア～エから選び，記号で答えよ。

　　a [　　　　]　b [　　　　]

　ア　細胞膜の外側にあるじょうぶな膜。
　イ　染色液でよく染まる。　　ウ　光合成を行う。
　エ　細胞質のいちばん外側にあるうすい膜。

(3) 多細胞生物のからだで，形やはたらきが同じ細胞の集まりで成り立っているものを何というか。　[　　　　　　　　　]

8 右の図は，ヒトの血液の循環を正面から見て，模式的に表したものである。次の各問いに答えなさい。　（4点×5）

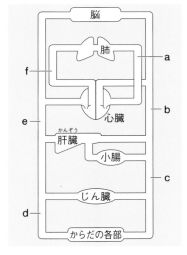

(1) 心臓から送り出された血液が流れる血管を何というか。

　　[　　　　　　　　]

(2) 酸素を多くふくむ血液が流れている血管を図のa～fからすべて選び，記号で答えよ。[　　　　　]

(3) 心臓から肺へと向かう血液が流れている血管は，図のa，fのどちらか，記号で答えよ。また，この血管を何というか，名称を答えよ。

　　記号 [　　　　]　　名称 [　　　　　　]

(4) (3)の血管を流れる血液は，どのような血液か。血液にふくまれる酸素の量に着目して簡単に答えよ。

　　[　　　　　　　　　　　　　　]

1 右の図のように，炭酸水素ナトリウムを加熱したところ，気体が発生して石灰水が白くにごった。次の各問いに答えなさい。 （3点×3）

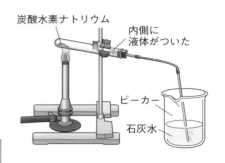

炭酸水素ナトリウム
内側に液体がついた
ビーカー
石灰水

(1) 石灰水の変化から，何という気体が発生したか。発生した気体を化学式で表せ。

[   ]

(2) 加熱した試験管の内側に液体がついていた。この液体に青色の塩化コバルト紙をつけると，赤色に変わった。この液体は何か，化学式で答えよ。 [   ]

(3) この実験と同じ種類の化学変化を次の**ア〜エ**から選び，記号で答えよ。

[   ]

ア 酸化銀を加熱すると銀が残った。
イ 炭素粉末と酸化銅の混合物を加熱すると銅が残った。
ウ マグネシウムを加熱すると，酸化マグネシウムが残った。
エ 鉄と硫黄の混合物を加熱すると，硫化鉄が残った。

2 右の図は，銅とマグネシウムの質量とこれらの金属と結びつく酸素の質量の関係を表したものである。次の各問いに答えなさい。 （3点×3）

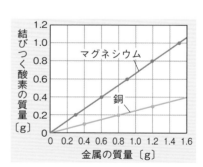

結びつく酸素の質量〔g〕
マグネシウム
銅
金属の質量〔g〕

(1) 銅と酸素が結びつくときの化学反応式を書け。

[   ]

(2) 銅の酸化物を6.0 g得るには，何gの銅を加熱すればよいか。 [   ]

(3) 同じ質量の酸素と結びつくマグネシウムと銅の質量比を，最も簡単な整数比で表せ。

マグネシウム：銅＝[   ]

3 右の図のように，くみおきの水が半分入った金属製のコップにセロハンテープをはり，ガラス棒でかき混ぜながら氷水を少しずつ加えたところ，10℃になったとき，コップに水滴がつき始めた。次の各問いに答えなさい。ただし，室温は20℃であったものとする。 (4点×3)

ガラス棒

温度計

氷水

セロハンテープ

金属製のコップ

(1) コップに水滴がつき始めたときの温度を何というか。

[   ]

(2) 20℃のときの飽和水蒸気量が17.3 g/m³，10℃のときの飽和水蒸気量が9.4 g/m³だとすると，この部屋の湿度は何％か。小数第1位を四捨五入して整数で求めよ。

[   ]

(3) この実験のように空気中の水蒸気が水滴となるものを次の**ア**～**エ**からすべて選び，記号で答えよ。

[   ]

ア 空気が上昇したとき。　　**イ** 空気が下降したとき。

ウ 空気が膨張したとき。　　**エ** 空気が収縮したとき。

4 図1は，日本のある季節の典型的な天気図である。次の各問いに答えなさい。 (4点×4)

図1

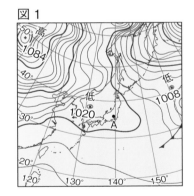

(1) 図1に見られるような気圧配置を何というか。漢字4文字で答えよ。

[   ]

(2) 図1の季節に日本海側の天気はどのようになることが多いか。次の**ア**，**イ**から選び，記号で答えよ。

[   ]

ア 晴れの日が多い。

イ 雪の日が多い。

(3) 図2は，図1の**A**地点の天気を表した天気図記号である。**A**地点の天気と風向をそれぞれ答えよ。

図2

天気 [   ] 風向 [   ]

5 右の図のように，斜面で台車を運動させ，台車の移動
距離を記録タイマーを用いて計測した。次の各問いに
答えなさい。 （3点×3）

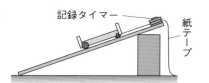

記録タイマー
紙テープ

(1) 台車は0.3秒間で6.9cm移動した。このときの台車
の平均の速さは何cm/sか。

[ ]

(2) 斜面を運動する台車に加わる力のうち，斜面が台車を支える垂直抗力とつり合ってい
る力を次のア，イから選び，記号で答えよ。

ア 重力の斜面に平行な分力

イ 重力の斜面に垂直な分力

[ ]

(3) 斜面の角度を図より大きくすると，斜面を運動する台車の速さのふえ方はどうなるか
答えよ。

[ ]

6 右の図のように，丸い種子をつくる純系のエンド
ウとしわのある種子をつくる純系のエンドウをか
け合わせたところ，子のエンドウはすべて丸い種
子であった。次の各問いに答えなさい。 （4点×4）

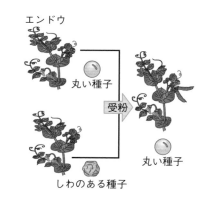

エンドウ

丸い種子

受粉

丸い種子

しわのある種子

(1) エンドウの種子の丸やしわのように，どちらか
しか現れない形質どうしを何というか。

[ ]

(2) エンドウの種子の形質のうち，潜性形質は，丸
としわのどちらか。

[ ]

(3) 丸い種子をつくる純系のエンドウがもつ遺伝子をAA，しわのある種子をつくる純系
のエンドウがもつ遺伝子をaaとするとき，子のエンドウがもつ遺伝子は何か。

[ ]

(4) 子のエンドウを自家受粉させ，種子を1000個つくった。そのうちしわのある種子は
何個だと考えられるか。理論上の値で答えよ。

[ ]

7 右の図のように，塩化銅水溶液に電流を流したところ，陰極には固体が付着し，陽極からは気体が発生した。次の各問いに答えなさい。　　　　（4点×5）

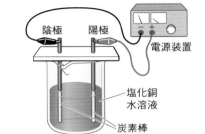

陰極　陽極
電源装置
塩化銅
水溶液
炭素棒

(1) 塩化銅水溶液にとけている塩化銅のように，水にとかしたときに電流が流れる物質を何というか。

［　　　　　　　　　　　　］

(2) 塩化銅水溶液中にある塩化物イオンは陽イオン，陰イオンのどちらか。

［　　　　　　　　　　　　］

(3) 塩化銅水溶液中にある銅イオンを化学式で表せ。

［　　　　　　　　　　　　］

(4) この実験で，陰極に付着した固体と陽極から発生した気体はそれぞれ何か。

固体［　　　　　　　］　　気体［　　　　　　　］

8 右の図のように，春分の日に透明半球を用いて，太陽の9時から14時までの動きを1時間ごとに記録した。9時から14時までの各点どうしの距離は3cm，14時の点から西側のふちまでの距離は11.5cmだった。次の各問いに答えなさい。

（3点×3）

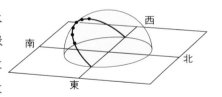

西
南
北
東

(1) この日の12時ごろに太陽は真南にあった。このことを何というか。

［　　　　　　　　　　　　］

(2) 夏至の日の太陽の道すじを記録したものを次のア～ウから選び，記号で答えよ。

［　　　　　　　　　　　　］

ア
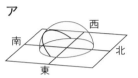
西
南
北
東

イ
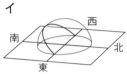
西
南
北
東

ウ

西
南
北
東

(3) 図の春分の日の，日の入りの時刻は何時何分か。

［　　　　　　　　　　　　］

重要グラフ一覧

①比例のグラフ …… グラフは原点を通る直線

(1) 力の大きさとばねののび（フックの法則）

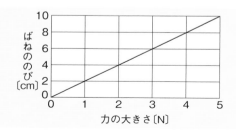

問1 8Nの力を加えたとき，ばねののびの長さは何cm?　［　　　　　　］

注意 加えた力の大きさとばね全体の長さは比例しないよ。

(2) 電流と電圧の関係（オームの法則）

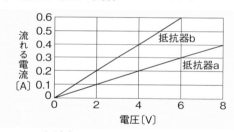

問2 ①抵抗器aと抵抗器bで，抵抗の値が大きいのは?　［　　　　　　］

②その抵抗の値は何Ω?
［　　　　　　］

(3) 電流を流した時間と水の上昇温度

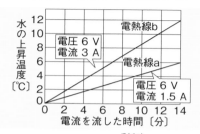

問3 電熱線aと電熱線bで電力が大きいのは?
［　　　　　　］

注意 電流を流した時間が同じとき，水の上昇温度は電力の大きさに比例するよ。

(4) 金属と結びつく酸素の質量

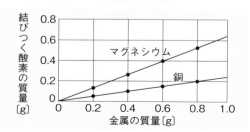

問4 ①銅0.8gが完全に酸素と結びつくと，酸化銅の質量は何g?　［　　　　　　］

②マグネシウム：酸化マグネシウムの質量の比は何対何?　［　　　　　　］

(5) 等速直線運動と移動距離

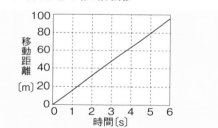

問5 ①この物体の速さは何m/s?
［　　　　　　］

②この物体の10秒間の移動距離は何m?
［　　　　　　］

(6) 位置エネルギーと木片の移動距離

球を斜面上で転がし，木片に衝突させたときの木片の移動距離

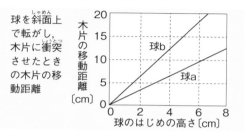

問6 球aと球bで，質量が大きいのはどちらか?
［　　　　　　］

注意 木片の移動距離は，球のはじめの高さや球の質量に関係しているよ。

② いろいろなグラフ

(7) 水の温度と溶解度のグラフ

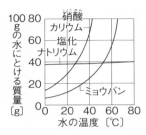

問7 グラフ内の物質で，40℃の水に最もよく
とける物質は？ [　　　　　　]

注意 塩化ナトリウムは，水の温度が上昇して
も，ほとんどとける量がふえないよ。

(8) 融点，沸点

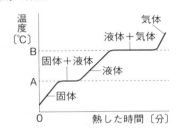

問8 A，Bの温度をそれぞれ何という？
[A…　　　　　B…　　　　　]

注意 純粋な物質がとけているときや沸騰してい
るときは，グラフは平らになるよ。

(9) 金属の加熱回数と質量の変化

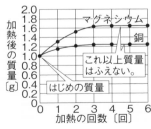

問9 1.0gのマグネシウムが完全に酸素と結び
ついたのは，加熱の回数で何回目？
[　　　　　　]

注意 一定の質量の金属を加熱し続けても，一定
以上質量はふえないよ。

(10) 音の波形

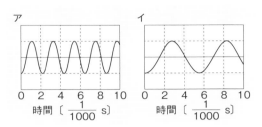

問10 アとイの波形で表される音では，音の何が
ちがう？ [　　　　　　]

注意 振幅が同じなので，音の大きさは同じだ
よ。

(11) 等速直線運動の時間と速さ

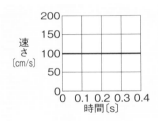

問11 この物体の0.5秒間の移動距離は何cm？
[　　　　　　]

注意 等速直線運動での移動距離は時間に比例す
るよ。

(12) 力学的エネルギーの移り変わり

斜面の上から球を転がしたときのエネルギー

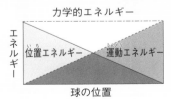

問12 位置エネルギーが減っていくと，ふえてい
くのは何エネルギー？
[　　　　　　]

注意 摩擦や空気の抵抗がなければ，位置エネル
ギーと運動エネルギーの和はいつも一定だよ。

重要公式・法則一覧

① 物質の密度

$$物質の密度〔g/cm^3〕= \frac{物質の質量〔g〕}{物質の体積〔cm^3〕}$$

問1 質量 234 g，体積 30 cm³ の物質の密度は何 g/cm³ ?

[　　　　　]

注意 液体の水（4 ℃）の密度は 1.00 g/cm³ なので，物質の密度が 1.00 g/cm³ より大きいと水に沈み，小さいと水に浮く。

② 質量パーセント濃度

$$質量パーセント濃度〔\%〕= \frac{溶質の質量〔g〕}{溶液の質量〔g〕}×100$$

問2 砂糖 50 g を水 200 g にとかした。このときの砂糖水の質量パーセント濃度は？

[　　　　　]

注意 溶液の質量＝溶質の質量＋溶媒の質量

③ 光の反射の法則

入射角と反射角の大きさは等しい。

問3 光が鏡で反射した。入射光と反射光の間の角が 50° のとき，入射角は何度？

[　　　　　]

注意 入射角とは，反射した面に垂直な直線と入射光との間の角である。

④ フックの法則

ばねを引く力の大きさと，ばねののびは比例する。

問4 2 N の力を加えると 4 cm のびるばねがある。このばねを 6 cm のばすには何 N の力が必要？

[　　　　　]

注意 力の大きさ（N）とばねののびの関係のグラフは原点を通る直線になる。

⑤ 圧力

$$圧力〔Pa〕= \frac{面を垂直に押す力〔N〕}{力がはたらく面積〔m^2〕}，1Pa = 1N/m^2$$

問5 0.4 m² の面を 16 N の力で垂直に押したとき，面に加わる圧力は何 Pa か？

[　　　　　]

注意 力の大きさの単位は N（ニュートン）。

⑥ 質量保存の法則

化学変化では，反応の前後で物質全体の質量は変わらない。

問6 うすい塩酸と炭酸水素ナトリウムを，密閉した容器内で反応させた。反応前の全体の質量を a〔g〕，反応後の全体の質量を b〔g〕とすると，a と b の関係は？

[　　　　　]

注意 化学変化の前後で，原子の組み合わせは変わるが，原子の種類や数は変わらない。

⇒【解答】60ページ

⑦ オームの法則

> 電圧〔V〕 = 抵抗〔Ω〕 × 電流〔A〕　　$V = R \times I$

注意 $I = \dfrac{V}{R}$,　$R = \dfrac{V}{I}$ とも表せる。

問7 20 Ω の抵抗に 6 V の電圧を加えた。このとき流れる電流は何 A ？

[　　　　　　　　]

⑧ 電力

> 電力〔W〕 = 電圧〔V〕 × 電流〔A〕

注意 1 W は 1 V の電圧を加えて，1 A の電流が流れたときの電力。

問8 「100 V － 800 W」の表示の電気器具がある。この電気器具を 100 V の電源につないだとき，流れる電流は何 A ？ [　　　　　　]

⑨ 電気エネルギー

> 電力量〔J〕 = 電力〔W〕 × 時間〔s〕

注意 熱量〔J〕= 電力〔W〕× 時間〔s〕
電力量の式と同じ。

問9 電熱線に 5 V の電圧を加えて 2 A の電流を 1 分間流した。このときの電力量は何 J ？ [　　　　　　]

⑩ 湿度

> 湿度〔%〕 = $\dfrac{\text{空気 1 m}^3 \text{中の水蒸気量〔g/m}^3\text{〕}}{\text{そのときの温度での飽和水蒸気量〔g/m}^3\text{〕}}$ × 100

注意 露点になったときの空気の湿度は 100 % である。

問10 1 m^3 の空気にふくまれる水蒸気の質量が 10.4 g で，飽和水蒸気量が 23.1 g/m^3 のときの湿度は何％？　整数で答えよ。[　　　　　]

⑪ 慣性の法則

> 力がはたらかないとき，静止している物体は静止を続け，動いている物体は等速直線運動を続ける。

注意 物体の左のような性質を慣性という。

問11 電車に立って乗っているとき，電車が急ブレーキをかけると，立っている人は前方，後方のどちらに傾く？　[　　　　　　]

⑫ 仕事

> 仕事〔J〕 = 力の大きさ〔N〕 × 力の向きに移動した距離〔m〕

注意 仕事率〔W〕= $\dfrac{\text{仕事〔J〕}}{\text{かかった時間〔s〕}}$

問12 物体を 60 N の力で 10 m 運んだ。このとき 6 秒かかった。仕事率は何 W ？ [　　　　　　]

編集協力	㈱シー・キューブ
イラスト	生駒さちこ
図版	㈱アート工房
カバー・本文デザイン	星光信（Xing Design）
DTP	㈱明昌堂

▶この本は，下記のように環境に配慮して製作しました。
◎製版フィルムを使用しないCTP方式で印刷しました。
◎環境に配慮した紙を使用しています。

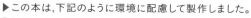

解答と解説

高校入試　中学3年分をたった7日で総復習
\改訂版/

理科

Gakken

▶ 点線にそって切り取って使えます。

1日目 身のまわりの現象・物質

Step-1 >>> | 基本を確かめる | ▶4ページ

解答

1 (1) ①反射角 ②> ③< ④実像
⑤虚像 ⑥実像 ⑦大きい
⑧虚像

(2) ①振幅 ②振動数

(3) ①フック ②等しい（同じ）
③反対 ④一直線上

2 (1) ①炭素 ②質量 ③体積
④なし ⑤少しとける
⑥燃やす ⑦密度
⑧アルカリ性

(2) ①溶質 ②溶解度 ③再結晶

(3) ①状態変化 ②融点 ③沸点
④蒸留

解説 ....

1 (1) ②③光が空気中から水中に進むときは、水面から離れるように、水中から空気中に進むときは、水面に近づくように屈折する。
④⑤物体が焦点の外側にあれば実像ができるが、焦点の内側にあると実像はできず、虚像ができる。

(2) ①振幅が大きいと大きい音、小さいと小さい音になる。
②振動数が多いと高い音、少ないと低い音になる。

(3) ②～④つり合っている2力は、大きさが等しく、向きが反対であり、一直線上にある。

2 (1) ⑤二酸化炭素は水に少しとけるが、水上置換法でも集めることができる。

(2) ①溶液にとけている物質を溶質、溶質をとかしている液体を溶媒という。

(3) ②③純粋な物質の融点や沸点は、決まっている。

解答

1 (1) 同じである。 (2) 実像
(3) 大きく（遠く）なる。
(4) 虚像

2 (1) C (2) A (3) D

3 (1) 8.96 g/cm^3 (2) 銅 (3) 銀

4 (1) 水素 (2) イ (3) 水上置換法
(4) エ

5 (1) 溶解度 (2) 硝酸カリウム
(3) 8.4 g

6 (1) 沸点 (2) ウ (3) 変わらない。

解説 ....

1 (1)(2) 物体が焦点距離の2倍のところにあるときは、実物と同じ大きさの実像ができる。

(3) 物体を焦点距離の2倍の位置から焦点に近づけると、はっきりした実像が映るスクリーンの位置は凸レンズから遠ざかる。

2 (1) 振動数の最も多いものを選ぶ。

(2) 振幅の最も大きいものを選ぶ。

(3) Aと振動数が同じで、振幅の異なるものを選ぶ。

3 (1) $268.8 \text{ g} \div 30 \text{ cm}^3 = 8.96 \text{ g/cm}^3$

(3) 密度が大きい物質ほど、同じ体積にしたときの質量は大きい。

4 (2) アは酸素、ウは二酸化炭素、エは窒素にあてはまる。

(3)(4) 水上置換法は、水素のように水にとけにくい気体を集めるのに適している。

5 (1) 100 gの水にとかすことのできる最大の質量を溶解度という。

(2) グラフから、30℃では硝酸カリウムは約45 g、塩化ナトリウムは約36 g、ミョウバンは約16 gとけることがわかる。

(3) 20℃では硝酸カリウムは31.6 gしかとけないので、40 g−31.6 g＝8.4 gの結晶が現れる。

6 (1) エタノールは78℃で沸騰を始める。

(2) 沸点は、液体が沸騰して気体に変化するときの温度である。

(3) 純粋な物質はそれぞれ沸点が決まっていて、物質の量によって変化することはない。

Step-1 >>> | 基本を確かめる | ▶8ページ

解答

1 (1) ① = ② + ③ + ④ =
⑤ 抵抗（電気抵抗） ⑥ 電流 ⑦ 電流
(2) ① N極 ② 磁界 ③ 大きく（強く）
④ 誘導電流
(3) ① 静電気 ② 陰極線
2 (1) ① 移動距離 ② かかった時間
③ 一定の速さ ④ 等速直線運動
⑤ 大きい ⑥ 自由落下（運動）
⑦ 静止 ⑧ 等速直線運動
(2) ① 合成 ② 分解 ③ 作用・反作用
④ 押す力 ⑤ 面積 ⑥ 水圧 ⑦ 浮力
(3) ① 運動 ② 位置 ③ 力学的 ④ 力
⑤ 距離 ⑥ 仕事 ⑦ かかった時間
⑧ エネルギーの保存（エネルギー保存の法則）

解説

1 (1) ⑥⑦ オームの法則や電力の公式に電流の
数値をあてはめるとき，単位をアンペ
ア（A）にすることに注意する。
(2) ④ コイルの中の磁界の変化が逆になる
と，誘導電流の流れる向きも**逆**にな
る。
(3) ② 陰極線（電子線）は，－の電気をもつ
電子の流れで，電子は－極から＋極に
向かって移動する。
2 (1) ④ 物体に，運動の向きに力がはたらいて
いないとき，または，はたらいている
力がつり合っているとき，物体は**等速
直線運動**をする。
(2) ① 一直線上にない2力を合成する場合，
2力を2辺とする平行四辺形の対角
線が，合力となる。
(3) ③ 運動エネルギーと位置エネルギーの和
を**力学的エネルギー**といい，摩擦や空
気抵抗がないところでの運動では，力
学的エネルギーの保存が成り立つ。

Step-2 >>> | 実力をつける | ▶10ページ

解答

1 (1) **ア** (2) **b** (3) 比例の関係
(4) 抵抗器a…5Ω 抵抗器b…15Ω
(5) 1.6 A
2 (1) 誘導電流 (2) 電磁誘導
(3) 磁界 (4) **ア** (5) **ウ**
3 (1) ①…作用 ②…反作用
(2) **ウ**
4 (1) 位置エネルギー
(2) 大きくなった。 (3) **ウ**
5 (1) 0 J (2) 30 N (3) 54 J

解説

1 (1) 電圧計ははかる部分に並列に，電流計は
直列につなぐので，**ア**が電圧計，**イ**が電
流計を表している。
(2) 同じ電圧を加えたときに流れる電流の小
さい方を選ぶ。
(3) 図2のグラフでは，抵抗器a，bのどち
らも原点を通る直線になっている。
(4) 図2のグラフから，読みとりやすい値を
読みとって，計算する。
抵抗器a…4V÷0.8A＝5Ω
抵抗器b…3V÷0.2A＝15Ω
(5) 並列につなぐと，抵抗器a，bのどちら
にも6Vの電圧が加わる。それぞれの抵
抗器を流れる電流は，
抵抗器a…6V÷5Ω＝1.2A
抵抗器b…6V÷15Ω＝0.4A
並列回路全体を流れる電流の大きさは各
抵抗器を流れる電流の和なので，
1.2A＋0.4A＝1.6A
また図2のグラフから，3Vの電圧が加
わるときに流れる電流が抵抗器aは
0.6A，抵抗器bは0.2Aと読みとれるため，
その和を2倍して求めることもできる。
(0.6A＋0.2A)×2＝1.6A
2 (1)〜(3) コイルに磁石を近づけるとコイルの
中の磁界が変化し，コイルに電圧が生じ
る。この現象を**電磁誘導**といい，このと
き流れる電流を**誘導電流**という。

(4) 棒磁石のN極を近づけるときと遠ざける
　　ときでは，コイルの中の磁界の変化のし
　　かたは逆になるので，流れる電流の向き
　　も逆になる。

(5) コイルの中の磁界が変化しないと，誘導
　　電流は流れない。

3 (1) 作用と反作用は，2つの物体の間で，そ
　　れぞれにはたらく力である。

(2) AさんはBさんから，BさんはAさんか
　　ら力を受けているので，2人とも動く。

4 (1) 高いところにある物体がもつエネルギー
　　を位置エネルギーという。

(2) おもりがAからBまで運動するとき，位
　　置エネルギーが運動エネルギーに移り変
　　わって，運動エネルギーがふえ続け，お
　　もりは速くなっていく。

(3) 力学的エネルギーは位置エネルギーと運
　　動エネルギーの和で，それぞれのエネル
　　ギーが移り変わっても力学的エネルギー
　　は変わらない。

5 (1) 力を加えても力を加えた向きに物体が動
　　いていなければ，「仕事をした」といえ
　　ない。

(2) 3 kg＝3000 gなので，物体にはたらく重
　　力は，3000÷100＝30 N

(3) 物体にはたらく重力につり合う大きさの
　　力を加えて仕事をするので，
　　30 N×1.8 m＝54 J

3日目 原子・分子・イオンと化学変化

Step-1 >>> 基本を確かめる ▶12ページ

解答

① (1) ①原子　②分子　③単体
　　④化合物

(2) ①$2H_2O$　②$2MgO$　③$2CuO$
　　④FeS　⑤O_2　⑥$4Ag$　⑦CO_2
　　⑧$2Cu$　⑨H_2O

(3) ①質量保存　②一定

② (1) ①電解質　②非電解質　③Na^+
　　④Cu^{2+}　⑤Cl^-　⑥OH^-　⑦Cl^-
　　⑧Cu^{2+}　⑨OH^-

(2) ①化学　②一次電池
　　③二次電池　④燃料電池

(3) ①水素イオン（H^+）
　　②水酸化物イオン（OH^-）
　　③中和　④塩

解説 ……………………………………

① (2) 化学反応式では，矢印の左右で原子の種
　　類と数が同じになるようにする。

(3) ①化学変化の前後でそれぞれの原子がな
　　くなったり，新しい原子ができたりす
　　ることはないので，全体の質量は変化
　　しない。

② (1) ③④原子が電子を失って＋の電気を帯び
　　たものを陽イオンという。
　　⑤⑥原子が電子を受けとって－の電気を
　　帯びたものを陰イオンという。

(2) ④燃料電池では，水素と酸素が結びつい
　　て水ができる。

(3) ③④中和が起こると，水と塩ができる。

Step-2 >>> 実力をつける ▶14ページ

解答

I (1) A…純粋な物質（純物質）
　　B…化合物

(2) H_2O，$NaCl$

2 (1) 二酸化炭素　　(2) 銅
　　(3) ア…C　　イ…2Cu

3 (1) 0.4 g　　(2) 3：2　　(3) 20 g

4 (1) イ，ウ　　(2) 電解質
　　(3) イ

5 (1) 陽イオン　　(2) 電子
　　(3) イ　　(4) 金属板B

6 (1) 中和　　(2) H⁺，OH⁻
　　(3) 塩化ナトリウム

| 解説 | ・・・

1 (2) マグネシウムと窒素は単体，水と塩化ナトリウムは化合物である。

2 (1)(2) 酸化銅と炭素粉末の混合物を加熱すると，酸化銅は還元されて銅になり，炭素は酸化されて二酸化炭素になる。

　　(3) アには炭素，イには銅があてはまる。Cuの前に係数2をつけるのをわすれないこと。

3 (2) (1)より，マグネシウム：酸素 = 0.6：0.4 = 3：2

　　(3) マグネシウム：酸素 = 3：2の質量の比で結びつくので，マグネシウム：酸化マグネシウム = 3：(3＋2) = 3：5　求める酸化マグネシウムの質量をx gとすると，12：x = 3：5　より，x = 20

4 (1)(2) 塩化ナトリウムと水酸化ナトリウムは電解質，エタノールと砂糖は非電解質である。

　　(3) 前に調べた水溶液が電極についたままだと，正しい実験結果が得られない。

5 (1)(2) aは電子（b）を失ってとけ出した陽イオン（亜鉛イオン）である。

　　(3) 電子はアの向きに移動し，電流はイの向きに流れる。

6 (1)(2) 酸性の水溶液とアルカリ性の水溶液を混ぜ合わせると，$H^+ + OH^- \rightarrow H_2O$　の反応が起こる。この反応を中和という。

　　(3) 塩酸の塩化物イオン（Cl^-）と水酸化ナトリウムのナトリウムイオン（Na^+）が結びついて塩化ナトリウム（$NaCl$）という塩ができる。

4日目 いろいろな植物・動物

Step-1 >>> |基本を確かめる| ▶16ページ

① (1) ①種子　②胞子　③ある　④ない
　　⑤裸子植物　⑥単子葉類
　　⑦2　⑧ない

　　(2) ①背骨　②えら　③肺　④胎生
　　⑤羽毛　⑥無脊椎　⑦外骨格
　　⑧外とう膜

② (1) ①核　②細胞質　③細胞膜
　　④単細胞生物　⑤組織　⑥個体

　　(2) ①柱頭　②果実　③道管
　　④師管　⑤維管束　⑥葉脈

　　(3) ①蒸散　②デンプン（栄養分）
　　③葉緑体

| 解説 | ・・・

① (1) ⑤～⑦子房がなく胚珠がむき出しになっている植物を裸子植物という。被子植物は子葉の数によって分類され，子葉が1枚のものを単子葉類，2枚のものを双子葉類という。

　　⑧シダ植物には根・茎・葉の区別があり，維管束がある。これに対し，コケ植物には根・茎・葉の区別がなく，維管束がない。

　　(2) ④哺乳類のように，親の体内である程度育ってからうまれるうまれ方を胎生という。

② (1) ①③核と細胞膜は，植物の細胞と動物の細胞の両方で見られる。

　　(2) ⑤茎の維管束では，道管は師管より内側にある。

　　(3) ①水蒸気は，おもに葉にある気孔から出ていく。

解答

1 (1) **ア，イ，エ** (2) **子房**
  (3) 図1…**B** 図2…**C** (4) **ウ**
2 (1) **脊椎動物**(せきついどうぶつ) (2) **は虫類**(ちゅうるい)
  (3) A…**胎生** B…**肺** C…**ア**
3 (1) **イ** (2) **600倍**
  (3) 記号…**d** 名称…**核**(めいしょう)(かく)
    記号…**e** 名称…**細胞膜**
    （記号と名称の組み合わせがあって
    いれば順不同）
  (4) **多細胞生物**(たさいぼうせいぶつ)
4 (1) **青紫色**(あおむらさきいろ)
  (2) 光…**ウ** 葉緑体…**ア**
  (3) **酸素** (4) **光合成**(こうごうせい)

[解説] ‥‥‥‥‥‥‥‥‥‥‥‥‥‥‥‥‥‥

1 (1) **ア～オ**のうち，スギナ（シダ植物），ゼニゴケ（コケ植物）は胞子でなかまをふやし，そのほかのイネ，スギ，サツキは種子植物で，種子でなかまをふやす。
  (2) 被子植物の胚珠は子房に包まれている。
  (3)(4) 単子葉類と双子葉類の茎の断面と根のつくりを整理すると，次のようになる。

	茎の断面	根
単子葉類	維管束が散在している	ひげ根(ね)
双子葉類	維管束が輪のように並んでいる	主根(しゅこん)と側根(そっこん)

2 (1) 背骨のある動物を**脊椎動物**，背骨のない動物を**無脊椎動物**という。脊椎動物は，魚類，両生類(りょうせいるい)，は虫類，鳥類，哺乳類の5種類に分けられる。
  (2) は虫類や鳥類は，陸上に卵(らん)をうむので，乾燥(かんそう)に耐(た)えられるように卵に殻(から)がある。
  (3) A…哺乳類は親の体内である程度育ってからうまれる胎生で，うまれた子に乳を与(あた)えて育てる。哺乳類以外の4種類のなかまは卵をうむ卵生(らんせい)である。
    B…は虫類，鳥類，哺乳類は一生肺で呼吸し，魚類は一生えらで呼吸する。両

生類は子のときはえらと皮膚(ひふ)で呼吸し，親になると肺と皮膚で呼吸する。
    C…は虫類には，カメやヘビ，ワニなどがいる。

3 (1) 酢酸(さくさん)オルセイン溶液(ようえき)で染色(せんしょく)すると，核が赤紫(あかむらさき)（赤）色に染まる。BTB溶液は液の性質（酸性・中性・アルカリ性）を調べる試薬，石灰水(せっかいすい)は二酸化炭素を検出する試薬である。
  (2) 顕微鏡(けんびきょう)の倍率は，接眼レンズと対物レンズの倍率をかけたものなので，
    15×40＝600倍
  (3) 細胞膜は細胞質のまわりを囲む膜で，植物の細胞では細胞壁(さいぼうへき)の内側にある。
  (4) からだが多くの細胞からできている生物を**多細胞生物**，1つの細胞からできている生物を**単細胞生物**という。

4 (1) デンプンがある部分はヨウ素液と反応して青紫色に染まる。
  (2) 比べたい条件以外の条件が同じになる部分の組み合わせを選ぶ。光が必要なことは，a（葉緑体があり，光が当たった部分）とd（葉緑体があり，光が当たらなかった部分）を比べることでわかる。また，葉緑体が必要なことは，a（葉緑体があり，光が当たった部分）とb（葉緑体がなく，光が当たった部分）を比べることでわかる。
  (3) 植物は水と二酸化炭素からデンプンなどと酸素をつくる。
  (4) 植物が光のエネルギーを利用してデンプンなどの栄養分をつくるはたらきを**光合成**という。

5日目 人体, 生物のふえ方と遺伝・進化

Step-1 >>> | 基本を確かめる | ▶20ページ

解答

① (1) ①ブドウ糖　②毛細血管
　　　③アミノ酸　④脂肪酸　⑤脂肪

(2) ①酸素　②二酸化炭素
　　③エネルギー　④尿素　⑤尿

(3) ①動脈血　②静脈血　③肺循環
　　④体循環

(4) ①脊髄　②感覚神経
　　③運動神経　④反射

② (1) ①染色体　②遺伝子　③ふえ
　　　④大きく

(2) ①有性生殖　②半分($\frac{1}{2}$)
　　③無性生殖　④同じ

(3) ①顕性形質　②潜性形質
　　③分離

(4) ①相同器官

解説 ••••••••••••••••••••••••••••••

① (1) ブドウ糖とアミノ酸は柔毛の毛細血管から, 脂肪酸とモノグリセリドは柔毛内で脂肪になってリンパ管から吸収される。

(2) ④⑤アンモニアは肝臓で尿素につくりかえられ, 尿素はじん臓でこし出される。

(3) ③肺循環では, 肺動脈に静脈血, 肺静脈に動脈血が流れる。

(4) ④熱いものにふれて, 思わず手を引っこめる反射では, 刺激の信号が脳に伝わる前に脊髄から命令が出されるので, 反応までの時間が短い。

② (1) ①体細胞分裂では, 染色体が2倍に複製されてそれぞれの細胞に分かれるので, 細胞分裂後の細胞の染色体の数は, 分裂前の細胞と同じである。

(2) ①③例えば, ジャガイモのいもから芽が出てふえるふえ方は無性生殖で, 花が咲いてできた種子をまいてふえるふえ

方は有性生殖である。

(3) ①②対立形質をもつ純系どうしを交配すると, 子に現れる形質はすべて顕性形質となる。

Step-2 >>> | 実力をつける | ▶22ページ

解答

1 (1) 柔毛　(2) 小腸　(3) A
　(4) ア, エ

2 (1) 静脈血　(2) 体循環
　(3) ①…イ　②…オ　③…ウ
　(4) 肝臓

3 (1) a→c→f→d→e→b
　(2) 染色体　(3) 体細胞分裂

4 (1) 栄養生殖　(2) 有性生殖
　(3) (1)

5 (1) 減数分裂　(2) 分離の法則
　(3) 受精　(4) ウ

解説 ••••••••••••••••••••••••••••••

1 (1)(2) 小腸のひだの表面には無数の柔毛がある。これにより, 表面積が大きくなり, 栄養分の吸収が効率よく行われる。

(3) Aは毛細血管, Bはリンパ管を表している。

2 (1) 酸素を多くふくんだ血液を動脈血, 二酸化炭素を多くふくんだ血液を静脈血という。

(2) 心臓→全身（肺以外）→心臓と血液が流れるのが体循環, 心臓→肺→心臓と血液が流れるのが肺循環である。

(3) ①血液は, 肺で酸素を受けとる。
　②尿素などの不要な物質は, じん臓でこしとられる。
　③栄養分は, おもに小腸で吸収される。

(4) 肝臓では, 栄養分を一時たくわえ, 必要に応じて血液中に出している。

3 (1) 核の中に染色体が現れ(c), 染色体は中央に並んでから両端に移動する(f)。植物の細胞は中央に仕切りができ(d), その後, 細胞質が2つに分かれ(e), 2個の細胞(b)になる。

(3) 体細胞分裂では, 染色体が2倍に複製さ

れてからそれぞれの細胞に分かれるので，分裂後の細胞も染色体の数は変わらない。

4 (1)(2) 生殖細胞が受精して子をつくる生殖を**有性生殖**，受精をしないで子をつくる生殖を**無性生殖**という。植物のからだの一部から新しい個体をつくる**栄養生殖**は，無性生殖である。

(3) 有性生殖では両親から半分ずつ染色体を受けつぐので，染色体（遺伝子）の組み合わせによって子の形質は変化する。無性生殖では，親の染色体をそのまま受けつぐので，子の形質は親と同じになる。

5 (1) 生殖細胞ができるときには，**減数分裂**という細胞分裂が行われる。減数分裂では，分裂後の細胞の染色体の数は，分裂前の半分になっている。

(3)(4) 染色体の数が半分になった生殖細胞どうしが受精することで，受精卵（**C**）の染色体の数は，親の体細胞の染色体の数と同じになる。

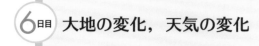

6日目 大地の変化，天気の変化

Step-1 >>> |基本を確かめる| ▶24ページ

解答

① (1) ①おだやか　②白っぽい
　　③火山岩　④深成岩

(2) ①初期微動　②主要動
　　③初期微動継続時間　④震度
　　⑤規模（エネルギーの大きさ）

(3) ①れき　②示相　③示準　④断層
　　⑤しゅう曲

② (1) ①16　②空気（大気）

(2) ①露点　②飽和水蒸気量　③露点

(3) ①高気圧　②低気圧　③寒冷前線
　　④下がる　⑤温暖前線　⑥上がる

(4) ①西高東低　②小笠原　③移動性

解説 ••••••••••••••••••••••••••••

① (1) ③マグマが地表付近で急速に冷え固まると大きな鉱物になれず，石基の中に斑晶が散らばる**斑状組織**の火山岩になる。

④マグマが地下深くでゆっくり冷え固まると，大きな鉱物が組み合わさった**等粒状組織**の深成岩になる。

(2) ④⑤震度は，観測地の震源からの距離や地盤のかたさなどによって変わるが，マグニチュードは地震の規模の大小を表し，それらに関係しない。

(3) ①堆積岩をつくる，れき，砂，泥は，粒の大きさによって分類される。れき岩・砂岩・泥岩は，流水によって運ばれる間に，角がとれて丸みを帯びた粒になる。

② (1) ①風向は風のふいてくる方位で，天気図記号では，矢ばねの向きで表される。

(2) ①空気 1 m³中にふくまれる水蒸気量が多いほど，その空気の露点は高くなる。

(3) ①北半球では，高気圧の中心から時計回りに風がふき出す。

②北半球では，低気圧の中心に向かって，反時計回りに風がふきこむ。

(4) ①西高東低の気圧配置により，日本の冬には，北西の季節風がふく。

Step-2 >>> | 実力をつける | ▶26ページ

解答

1 (1) a…石基　　b…斑晶
　(2) 斑状組織　(3) 深成岩

2 (1) a…初期微動　　b…主要動
　(2) 初期微動継続時間　(3) X

3 (1) C　(2) ア　(3) F

4 (1) 天気…くもり　　風向…南東
　(2) 晴れ

5 (1) 飽和水蒸気量　(2) イ　(3) 78 %

6 (1) 寒冷前線　(2) ウ　(3) ア

解説

1 (1)(2) 図1のつくりを斑状組織といい，斑状組織に見られる大きめの鉱物bを斑晶，そのまわりの小さな鉱物やガラス質の部分aを石基という。

　(3) 図2のつくりを等粒状組織という。マグマが地下深くでゆっくり冷え固まってできる深成岩に見られるつくりである。

2 (1) はじめに起こる小さなゆれを初期微動，そのあとの大きなゆれを主要動という。それぞれのゆれを起こす2種類の波は地震の発生と同時に発生するが，伝わる速さが異なる。

　(2) 初期微動を起こすP波が到着してから主要動を起こすS波が到着するまでの時間を初期微動継続時間という。

　(3) 地震の波が均一に伝わるところでは，初期微動継続時間は，震源からの距離に比例する。

3 (1) れき岩，砂岩，泥岩は，それぞれれき，砂，泥が押し固められたものである。それぞれの粒の大きさは以下の通り。

れき	2 mm以上
砂	$\frac{1}{16}$ mm～2 mm
泥	$\frac{1}{16}$ mm以下

(2) フズリナの化石は，その地層が古生代に堆積したことを示す示準化石である。

(3) 砂の方が泥よりも粒が大きく，より陸地の近くに堆積する。

4 (1) 天気図記号では，風向は矢ばねの向き，風力は矢ばねの数で表される。図の天気図記号を読みとると，

　　天気…くもり　　風向…南東
　　風力…4

となる。

(2) 空全体を10としたとき，雲が空をおおっている割合を雲量という。

天気	快晴	晴れ	くもり
雲量	0～1	2～8	9～10

5 (2) グラフより，空気Aの気温は25℃，1 m³中に18 gの水蒸気をふくんでいることがわかる。グラフより，気温25℃での飽和水蒸気量は約23 g/m³なので，空気Aは，空気1 m³中にあと23 g－18 g＝5 gの水蒸気をふくむことができる。

(3) $\frac{18 \text{ g/m}^3}{23 \text{ g/m}^3} \times 100 = 78.2\cdots$ より，78%

6 (1) 温帯低気圧は，中心から南東の方向に温暖前線，南西の方向に寒冷前線をともなう。

(2) イは温暖前線の通過にともなう気象の変化，ウは寒冷前線の通過にともなう気象の変化である。

(3) アは温暖前線，イは停滞前線，ウは寒冷前線，エは閉塞前線の記号である。

7日目 地球と宇宙，生態系と人間

Step-1 >>> | 基本を確かめる | ▶28ページ

解答

① (1) ①天球　②南中　③南中高度
　　④15　⑤西　⑥北極星
　　⑦日周運動　⑧30　⑨年周運動
　　⑩23.4
　(2) ①公転　②日食　③地球一月
　　④よいの明星　⑤東
　(3) ①恒星　②太陽系　③金星
　　④衛星
② (1) ①生態系　②食物網
　(2) ①生産者　②分解者　③光合成

解説

① (1) ⑦⑨天体の日周運動も年周運動も，天体が動くのではなく，地球が自転や公転することによる見かけの動きである。
⑩地軸の北極側が太陽の方に傾いているときが日本の夏，太陽と反対の方に傾いているときが日本の冬になる。
　(2) ①月は地球の衛星で，およそ27.3日で地球のまわりを公転している。
④⑤金星は，日の出前の東の空，または日の入り後の西の空で見ることができる。真夜中に見えることはない。
　(3) ②太陽系には，太陽や惑星のほか，衛星，小惑星，すい星など，さまざまな天体がふくまれている。
② (1) ②食物網では，いろいろな生物どうしが複雑につながりをもっている。
　(2) ②分解者のはたらきでできた無機物は，再び生産者に利用される。

Step-2 >>> | 実力をつける | ▶30ページ

解答

Ⅰ (1) ア　(2) 日の入り　(3) 南中
2 (1) ①…南　④…西　(2) イ

---

　(3) 北極星
3 (1) 23.4°　(2) D　(3) ア
4 (1) G　(2) 上弦の月
　(3) 位置…E　名称…新月
5 (1) A，B　(2) よいの明星　(3) C
6 (1) E　(2) ア　(3) A，B，C，D
　(4) 食物連鎖

解説

Ⅰ (1)(2) Aは北，Bは東，Cは南，Dは西の方位を示している。太陽は，東→南→西の向きに動く。
　(3) 太陽が南中したときの高度を南中高度といい，1日で最も高い。
2 (1) ①は南，②は東，③は北，④は西の空の星の動きを表している。
　(2)(3) 北の空の星は，北極星(A)を中心に，1時間に15°ずつ，反時計回りに回転する。
3 (2) Aは秋分，Bは冬至，Cは春分，Dは夏至の日の地球の位置である。
　(3) 夏至の日は，春分，秋分，冬至の日より昼が長い。
4 (2) 右半分がかがやいている半月を上弦の月，左半分がかがやいている半月を下弦の月という。
　(3) 地球から見て月の裏側に太陽の光が当たるので，地球からは月の光っている部分が見えない。
5 (1)(2) A，Bは日の入り後に見え，よいの明星とよばれる。また，C，Dは日の出前に見え，明けの明星とよばれる。
　(3) 金星は地球に近くなるにしたがい，大きく見えるようになるが，欠け方が大きくなる。
6 (1) 植物プランクトンは，光合成を行って無機物から有機物をつくるので，**生産者**とよばれる。
　(3) 生産者がつくった有機物を直接，あるいは間接的にとり入れる生物を**消費者**という。

❶ (1) 15 cm　(2) ウ

(3) （例）物体と向きが同じで，物体よ
り大きい像。

❷ (1) 記号…b　名称…師管

(2) 双子葉類

❸ (1) ①…イ　②…エ

(2) C，上方置換法　(3) ア

❹ (1) 震央　(2) P波

(3) 3 km/s　(4) エ

❺ (1) Q　(2) 10Ω　(3) 1A　(4) 8Ω

❻ (1) イ　(2) イ，ウ

❼ (1) B　(2) a…イ　b…エ　(3) 組織

❽ (1) 動脈　(2) a，b，c

(3) 記号…f　名称…肺動脈

(4) 酸素が少ない血液。

［解説］

❶ (1) 物体が焦点距離の2倍の位置にあると
き，凸レンズから焦点距離の2倍離れ
たスクリーン上に物体と同じ大きさの像
ができる。

この凸レンズの焦点距離は

30 cm÷2＝15 cm

(2) このときできる像は凸レンズを通った光
が1点に集まってできる実像で，スク
リーン上に物体と上下左右が逆向きの像
ができる。

(3) 物体と凸レンズの距離が8 cmなので，
物体は焦点の内側にある。このとき，ス
クリーン上に像はできないが，凸レンズ
を通して物体よりも大きい像が物体と同
じ向きに見える。このような像を虚像と
いう。

❷ (1) 葉でつくられた栄養分の通り道を師管と
いう。師管は茎の横断面で見ると，道管
より外側を通っている。光合成でつくら
れたデンプンなどの栄養分は，水にとけ
やすい物質に変えられてから，からだ全
体の細胞に運ばれる。

(2) 図のaは道管，bは師管で，数本のaや
bが集まって束になっている。この束を
維管束という。図のように維管束が輪の
形に並んでいるのは双子葉類である。

❸ (1) 酸素は二酸化マンガンにオキシドール
（うすい過酸化水素水）を加えて，アン
モニアはアンモニア水を熱して発生させ
ることができる。また，石灰石にうすい
塩酸を加えると二酸化炭素，鉄にうすい
塩酸を加えると水素が発生する。

(2)(3) アンモニアは水に非常にとけやすく，
空気より密度が小さい。

それぞれの集め方に適した気体の性質と
気体の例は次の通り。

集め方	気体の性質	例
水上置換法	水にとけにくい。	酸素，水素，二酸化炭素，窒素など
上方置換法	水にとけやすい。空気より密度が小さい。	アンモニアなど
下方置換法	水にとけやすい。空気より密度が大きい。	二酸化炭素，塩素，塩化水素など

❹ (1) 震源の真上の地表の地点を震央という。

(2) 地震を伝える波のうち，初期微動を伝え
るものがP波，主要動を伝えるものがS
波である。P波の方がS波より速く伝わ
る。

(3) AとBに主要動が伝わった時刻の差は，
9時20分54秒－9時20分48秒＝6秒
で，AとBの震源からの距離の差は，
72 km－54 km＝18 kmなので，主要
動を伝える波の速さは18 km÷6 s＝
3 km/sである。

(4) 地震が発生したのは，Aで主要動が起こ
る，54 km÷3 km/s＝18 sより，18秒
前なので，9時20分48秒－18秒＝9
時20分30秒である。

❺ (1) 電流の流れにくさを抵抗という。図1
のグラフより，4Vのとき抵抗器Pには
0.4 Aの電流が流れ，抵抗器Qには

0.1 Aの電流が流れるので，抵抗器**Q**の方が抵抗は大きい。

(2) 抵抗＝電圧÷電流より，
4 V÷0.4 A＝10 Ω

(3) 並列回路では，各抵抗器に加わる電圧の大きさと電源の電圧の大きさは等しいので，抵抗器**P**と**Q**にそれぞれ10Vの電圧が加わっている。
10 V÷10 Ω＝1 A

(4) 抵抗器**P**には1 A，抵抗器**Q**には0.25A（抵抗器**Q**の抵抗は4 V÷0.1 A＝40 Ωより，10 V÷40 Ω＝0.25 A）の電流が流れるから，回路全体に流れる電流は
1A＋0.25 A＝1.25 A
回路全体の抵抗は，
10 V÷1.25 A＝8 Ω
または，抵抗器**P**の抵抗は10Ω，抵抗器**Q**の抵抗は40Ωなので，回路全体の抵抗をRΩとして，$\dfrac{1}{R}=\dfrac{1}{10}+\dfrac{1}{40}=\dfrac{5}{40}=\dfrac{1}{8}$
より，$R=8$と求めることもできる。

6 (1) 磁石のN極からS極へ向かう向きが磁界の向き。

(2) 電流の向きを反対にしたり，磁界の向きを反対にしたりすると，コイルにはたらく力の向きは逆になるので，**イ**，**ウ**ではコイルは図と逆の向きに動く。**ア**，**エ**ではコイルに流れる電流が大きくなり，コイルにはたらく力は大きくなるが，向きは変わらない。

7 (2) **a**は核，**b**は細胞膜で，植物と動物の細胞に共通するつくりである。このほか，植物の細胞には葉緑体，液胞，細胞壁が見られる。また，細胞壁と核以外の部分を細胞質という。

(3) 多細胞生物のからだは，細胞が集まって組織が，組織が集まって器官が，器官が集まって個体がつくられている。

8 (1) 血液は心臓から送り出され，動脈を通って全身の細胞に運ばれ，静脈を通って再び心臓にもどる。
動脈と静脈のちがいを整理しておこう。

動脈	・心臓から送り出される血液が流れる血管。 ・壁が厚く，弾力がある。
静脈	・心臓へもどる血液が流れる血管。 ・壁は動脈よりうすい。 ・逆流を防ぐ弁がある。

(2) 酸素を多くふくむ血液を動脈血，二酸化炭素を多くふくむ血液を静脈血という。動脈血は肺から心臓に向かう血管，心臓からからだの各部に向かう血管を流れる。

(3)(4) 心臓から肺へ向かう血液が流れる血管は肺動脈である。肺動脈には，全身の細胞に酸素をわたして心臓にもどってきた血液が流れている。その血液は酸素が少なく，二酸化炭素を多くふくむ静脈血である。

模擬試験 第2回 ▶36ページ

❶ (1) CO_2　(2) H_2O　(3) ア
❷ (1) $2Cu + O_2 →　2CuO$
　(2) 4.8 g
　(3) (マグネシウム：銅＝) 3：8
❸ (1) 露点（ろてん）　(2) 54 ％　(3) ア，ウ
❹ (1) 西高東低（せいこうとうてい）　(2) イ
　(3) 天気…晴れ（はれ）　風向…北西（ふうこう）
❺ (1) 23 cm/s　(2) イ　(3) 大きくなる。
❻ (1) 対立形質（たいりつけいしつ）　(2) しわ
　(3) Aa　(4) 250個
❼ (1) 電解質（でんかいしつ）　(2) 陰イオン（いん）　(3) Cu^{2+}
　(4) 固体…銅　気体…塩素
❽ (1) 南中（なんちゅう）　(2) ウ　(3) 17時50分

[解説]

❶ (1) 石灰水（せっかいすい）を白くにごらせる気体は二酸化炭素である。

(2) 青色の塩化コバルト紙を赤色に変える液体は水である。

(3) 炭酸水素ナトリウムの加熱は，次のように表すことができる。

$$炭酸水素ナトリウム → 炭酸ナトリウム + 二酸化炭素 + 水$$

このように，1種類の物質が2種類以上の物質に分かれる化学変化（かがくへんか）を分解（ぶんかい）といい，特に加熱することで起こる分解を熱分解（ねつぶんかい）という。酸化銀を加熱すると，銀と酸素に分かれる。この変化も熱分解である。

[その他の化学変化]

・炭素粉末と酸化銅の混合物（こんごうぶつ）の加熱

$$酸化銅 + 炭素 → 銅 + 二酸化炭素$$

酸化銅は還元（かんげん）されて銅になり，炭素は酸化（さんか）されて二酸化炭素になる。

・マグネシウムの加熱

マグネシウム＋酸素→酸化マグネシウム

マグネシウムが酸素と結びついて酸化マグネシウムになる化学変化である。物質が酸素と結びつくことを**酸化**といい，特にマグネシウムのように熱や光を出しながら激しく酸化することを**燃焼**（ねんしょう）という。

・鉄と硫黄（いおう）の混合物の加熱

鉄＋硫黄（りゅうかてつ）→硫化鉄

鉄と硫黄の混合物を加熱すると結びついて，硫化鉄になる。

❷ (1) 銅の酸化は，次の化学反応式（かがくはんのうしき）で表される。銅，酸素はそれぞれ1種類の元素（げんそ）からできている単体（たんたい）で，銅は分子をつくらないが酸素は分子をつくる。また，酸化銅は2種類以上の元素からできている化合物（かごうぶつ）で，分子をつくらない。

$$銅　+　酸素　→　酸化銅$$
$$2Cu　+　O_2　→　2CuO$$

(2) グラフより，銅0.8 gと結びつく酸素の質量は0.2 gであるから，銅の質量と銅と結びつく酸素の質量の比は，

0.8：0.2＝4：1　より，

銅の質量と酸化銅の質量の比は4：5
求める銅の質量をx gとすると，4：5＝
x：6.0　x＝4.8

(3) グラフより，マグネシウムの質量：結びつく酸素の質量＝3：2，銅の質量：結びつく酸素の質量＝4：1＝8：2　同じ質量の酸素と結びつくマグネシウムと銅の質量の比は，マグネシウム：銅＝3：8

❸ (1) コップの表面近くの空気にふくまれる水蒸気（すいてき）が水滴に変わることを凝結（ぎょうけつ）といい，水蒸気が凝結し始める温度を露点という。

(2) 湿度（しつど）は以下の式で求められる。

$$湿度(\%)＝\frac{空気1m^3中の水蒸気量(g/m^3)}{そのときの温度での飽和水蒸気量（ほうわすいじょうきりょう）(g/m^3)}×100$$

10℃になったとき凝結が始まったということは，空気1 m³中の水蒸気量は9.4 g/m³である。よって，

$$\frac{9.4 g/m^3}{17.3 g/m^3}×100＝54.3…　より，54 ％$$

(3) 空気が上昇（じょうしょう）すると，気圧（きあつ）が小さくなるた

め，空気は膨張する。すると空気の温度
が下がり，やがて凝結が起こる。

❹ (1) 図1では西側の大陸上の気圧が高く，
東の太平洋側の気圧が低い。このような
気圧配置を西高東低といい，冬によく見
られる気圧配置である。

(2) 冬には大陸から冷たく乾燥した季節風が
ふく。この季節風が日本海の上空を通る
ときに海面からの水蒸気を多くふくみ，
日本列島の山脈にぶつかると上昇して雲
となり，多量の雪を降らせる。よって冬
の日本海側では雪の日が多くなる。

(3) ①は晴れを表す天気記号である。ま
た，風向は矢ばねの向きで表すため，図
2が表す風向は北西である。

❺ (1) 平均の速さはその区間を一定の速さで移
動したと考えた速さなので，
6.9 cm÷0.3 s＝23 cm/s

(2) 次の図のように，斜面からの垂直抗力
は，重力の斜面に垂直な分力とつり合
う。

斜面からの垂直抗力
斜面に平行な分力
斜面に垂直な分力
重力

(3) 斜面の角度を大きくすると，重力の斜面
に平行な分力が大きくなり，台車の速さ
のふえ方が大きくなる。

❻ (1)(2) エンドウの種子の丸やしわのように，
どちらかしか現れない対をなす形質どう
しを対立形質という。対立形質のうち，
純系どうしを交配して，子に現れる形質
を顕性形質，子に現れない形質を潜性形
質という。

(3) 対になっている遺伝子は減数分裂のと
き，分かれて別々の生殖細胞に入る（分
離の法則）ので，それぞれの生殖細胞の
遺伝子はAとaであり，合わさってでき
た子の遺伝子はAaとなる。

(4) 子のエンドウを自家受粉させてつくった
種子の遺伝子の組み合わせは，AA：

Aa：aa＝1：2：1の数の比で現れ
る。このうちしわのある種子となるのは
aaのものだけなので，

$$1000×\frac{1}{(1＋2＋1)}＝250個$$

❼ (1) 水にとかしたときに電離してイオンがで
き，水溶液に電流が流れる物質を電解質
という。

(2)(3) 塩化物イオンはCl^-で表される陰イオ
ンである。銅イオンはCu^{2+}で表される
陽イオンである。

(4) 陰極では銅イオンが電子を受けとり銅と
なる。陽極では2個の塩化物イオンが
電子をわたして結びつき，塩素分子（気
体）となる。

❽ (1) 天体が真南にあることを南中という。

(2) 夏至の日は，春分の日よりも日の出と日
の入りの位置が北寄りとなり，南中高度
が大きくなる。

(3) 太陽は一定の速さで動くので，1時間
（60分）に透明半球上の太陽は3cmず
つ動くことがわかる。14時の点から西
側のふちまでの距離は11.5cmなので，

$$60分×\frac{11.5 cm}{3 cm}＝230分＝3時間50$$

分　よって日の入りの時刻は14時の3
時間50分後の17時50分である。

問1　16 cm

問2　①抵抗器 a　②20 Ω

問3　電熱線 b

問4　①1.0 g　②3：5

問5　①16 m/s　②160 m

問6　球 b

問7　硝酸カリウム

問8　A…融点　B…沸点

問9　4回目（3回目）

問10　音の高さ（振動数）

問11　50 cm

問12　運動エネルギー

［解説］

問1　グラフより，このばねは 2 N の力で 4 cm のびる。グラフは原点を通る直線で，力の大きさとばねののびは比例するから，力の大きさが 8 N ÷ 2 N ＝ 4 倍になれば，ばねののびも 4 倍になる。

　　4 cm × 4 = 16 cm

問2　①抵抗は電流の流れにくさを表す値である。抵抗の値が大きいと同じ電圧を加えても流れる電流は小さい。

　　②抵抗＝電圧÷電流より，

　　　8 V ÷ 0.4 A = 20 Ω

問3　電力＝電圧×電流　電力は電流のはたらきの大きさを表す量である。グラフの傾きが大きい方が電力は大きい。

問4　①グラフより，0.8 g の銅は 0.2 g の酸素と結びつくので，

　　　0.8 g + 0.2 g = 1.0 g

　　②グラフより，マグネシウム 0.6 g は 0.4 g の酸素と結びつくので，マグネシウムの質量：酸化マグネシウムの質量＝

　　　0.6：(0.6 + 0.4) = 0.6：1.0 = 3：5

問5　①速さ＝移動距離÷かかった時間より，

　　　80 m ÷ 5 s = 16 m/s

　　②移動距離＝速さ×かかった時間より，

　　　16 m/s × 10 s = 160 m

問6　球を木片に衝突させて木片が動いたとき，球はエネルギーをもっているという。高いところにある物体や，運動している物体がもっているエネルギーは，物体の質量が大きいほど大きい。

問7　100 g の水に物質をとかして飽和水溶液にしたときの物質の質量を溶解度という。硝酸カリウムやミョウバンなどは水の温度が高いほど，とける質量が多くなる。

問8　固体がとけて液体に変化するときの温度を融点，液体が沸騰して気体に変化するときの温度を沸点という。純粋な物質が状態変化しているときは，熱し続けても温度は変わらない。

問9　金属が完全に酸素と結びつくと，それ以上質量はふえなくなる。

問10　振幅が大きいほど音は大きくなる。波形アとイは振幅が同じなので音の大きさは同じであるが，同じ時間に振動する回数（振動数）が多いアの方が，高い音になる。

問11　一定の速さで一直線上を進む運動を等速直線運動という。この運動を時間を横軸，速さを縦軸としてグラフに表すと，横軸に平行になる。また，速さが一定なので，移動距離は時間に比例する。

　　移動距離＝速さ×かかった時間より，

　　100 cm/s × 0.5 s = 50 cm

問12　位置エネルギーと運動エネルギーの和を力学的エネルギーといい，摩擦や空気の抵抗がなければ，力学的エネルギーは運動の過程で一定に保たれる。このため，一方が減っていくと他方がふえていく。

問1　7.8 g/cm³

問2　20 %

問3　25°

問4　3 N

問5　40 Pa

問6　$a = b$　（a と b は等しい。）

問7　0.3 A

問8　8 A

問9　600 J

問10　45 %

問11　前方

問12　100 W

［解説］

問1　密度＝質量÷体積なので，

234 g÷30 cm³＝7.8 g/cm³

公式を忘れたら，密度の単位「g/cm³」から，「質量÷体積」を思い出そう。

問2　$質量パーセント濃度 = \dfrac{溶質の質量}{溶液の質量} \times 100$

溶液の質量は「溶質の質量＋溶媒の質量」であることに注意。

$\dfrac{50}{(50+200)} \times 100 = 20$　より，20 %

問3　入射角は入射光と反射した面に垂直な直線との間の角，反射角は反射光と反射した面に垂直な直線との間の角である。光の反射の法則より，「入射角＝反射角」だから，

50°÷2＝25°

問4　ばねを引く力の大きさとばねののびは比例する。6 cmのばすのに必要な力をx N とすると，2：x＝4：6より，x＝3

問5　16 N÷0.4 m²＝40 Pa

力の大きさの単位は「N」，面積の単位は「m²」であることに注意。

問6　うすい塩酸と炭酸水素ナトリウムの反応では，塩化ナトリウム，水，二酸化炭素

が発生する。密閉した容器内で反応させると反応の前後で物質全体の質量は変化しないが，密閉しないで反応させると発生した二酸化炭素が空気中へ逃げるので，反応後の質量は反応前の質量より減る。

問7　電流＝電圧÷抵抗より，

6 V÷20 Ω＝0.3 A

問8　電力＝電圧×電流を変形して

電流＝電力÷電圧より，

800 W÷100 V＝8 A

問9　電力量は電流によって消費したエネルギーの量で，電力と時間の積で表す。

電力量＝電力×時間（s）より，

5 V×2 A×60 s＝600 J

また，電流による発熱量は，単位に同じ「J」を使い，電力×時間で求める。

問10　$\dfrac{10.4 \text{ g/m}^3}{23.1 \text{ g/m}^3} \times 100$

＝45.02… より，45%

問11　走っている電車が急ブレーキをかけたとき，電車に乗っている人は電車が前に進むという運動の状態を続けようとするので，電車の進行方向に傾く。また，停車中の電車が発進するときは，乗っている人は静止し続けようとするので進行方向とは逆向きに傾く。

問12　仕事＝力の大きさ×力の向きに移動した距離より，60 N×10 m＝600 J

この仕事に6秒かかったので仕事率は，

600 J÷6 s＝100 W